Veilig voedsel

Omslagontwerp: Haagsblauw, Den Haag
Opmaak binnenwerk: Textcetera, Den Haag

© 2010 Roelina Dijk/Boom Lemma uitgevers

Behoudens de in of krachtens de Auteurswet van 1912 gestelde uitzonderingen mag niets uit deze uitgave worden verveelvoudigd, opgeslagen in een geautomatiseerd gegevensbestand, of openbaar gemaakt, in enige vorm of op enige wijze, hetzij elektronisch, mechanisch, door fotokopieën, opnamen of enige andere manier, zonder voorafgaande schriftelijke toestemming van de uitgever.

Voor zover het maken van reprografische verveelvoudigingen uit deze uitgave is toegestaan op grond van artikel 16h Auteurswet 1912 dient men de daarvoor wettelijk verschuldigde vergoedingen te voldoen aan de Stichting Reprorecht (Postbus 3051, 2130 KB Hoofddorp, www.reprorecht.nl). Voor het overnemen van (een) gedeelte(n) uit deze uitgave in bloemlezingen, readers en andere compilatiewerken (art. 16 Auteurswet 1912) kan men zich wenden tot de Stichting PRO (Stichting Publicatie- en Reproductierechten Organisatie, Postbus 3060, 2130 KB Hoofddorp, www.cedar.nl/pro).

No part of this book may be reproduced in any form, by print, photoprint, microfilm or any other means without written permission from the publisher.

ISBN 978-90-5931-561-7
NUR 893

www.boomlemmauitgevers.nl

Veilig voedsel

Microbiologische principes, chemische en fysische factoren

Roelina Dijk

Boom Lemma uitgevers
Den Haag 2010

Voorwoord

Voor u ligt het boek *Veilig voedsel, microbiologische principes, chemische en fysische factoren*, dat door mij met veel plezier geschreven is. Aanleiding voor het schrijven van dit boek was het ontbreken van passend lesmateriaal voor studenten van de opleiding Voeding en Diëtetiek. Vanuit die gedachte ben ik begonnen met het schrijven van dit boek.

Maar het boek is niet alleen geschikt voor de studenten van deze opleiding. In bredere zin is het toepasbaar voor alle opleidingen in het hoger beroepsonderwijs die zich met de materie 'voedsel en/of voedselbereiding' bezighouden. Het is geschikt voor opleidingen als Food & Business, Food Design & Innovation, Agrifoodbusiness, Docentenopleiding Voeding en Hoge(re) Hotelscholen. Veilig voedsel speelt ook daar een belangrijke rol en dat is waar dit boek over gaat.

Aan de hand van praktijkgerichte voorbeelden en actuele nieuwsberichten wordt de lezer op een vlotte en heldere wijze duidelijk gemaakt welke factoren van belang zijn bij (het bereiden van) veilig voedsel. Via (toepassingsgerichte) leervragen is toetsing van de kennis mogelijk. Aanvullende informatie wordt verstrekt door de vermelding van relevante websites en video's die op het internet te vinden zijn.

Roelina Dijk

Over de auteur

Roelina Dijk is levensmiddelentechnologe. Na eerst de hbo-opleiding Levensmiddelentechnologie in Bolsward te hebben afgerond, heeft ze dezelfde studie aan de – toen nog – Landbouwuniversiteit in Wageningen gevolgd en afgerond. Na enkele jaren te hebben gewerkt als levensmiddelenmicrobiologe in het bedrijfsleven (onder andere onderzoek, trainingen) is ze nu als docente verbonden aan de Hogeschool van Arnhem en Nijmegen, opleiding Voeding en Diëtetiek. Daarnaast is ze als hoofdauteur verbonden aan het boek *Microbiologie van Voedingsmiddelen, Methoden, principes en criteria*.

Dank

Bij het schrijven van dit boek heb ik hulp ontvangen van meerdere mensen. Dit zijn in eerste instantie Menthe Malingré (docente bij de Hanzehogeschool Groningen) en Gwendell Foendoe Aubel (docent bij De Haagse Hogeschool). Dank voor de kritische blik en waardevolle suggesties, die zeker hebben bijgedragen aan een vollediger en overzichtelijker boek. Daarnaast dank ik Monique Pool voor haar bijdrage aan de HACCP casus en (indirect) mijn oud-collega's Rijkelt Beumer en Ellen Brinkman. Dankzij hen heb ik veel van het vak micirobiologie geleerd.

Speciale dank voor Frida Miedema voor haar meedenken, meelezen en een luisterend oor. En ten slotte voor hun geduld en ondersteuning: Edo, Mart en Meike: bedankt!

Inhoudsopgave

Voorwoord		5
Over de auteur		6
Dank		7
Inleiding		13
1	**Micro-organismen**	**15**
1.1	Inleiding	15
1.2	Indeling en naamgeving	16
1.3	Bacteriën	19
1.4	Schimmels en gisten	22
1.5	Virussen	25
1.6	Informatie op internet	26
1.7	Leervragen	26
2	**Bederf van voedsel**	**29**
2.1	Inleiding	29
2.2	Besmettingsbronnen	31
2.2.1	Mensen	32
2.2.2	Apparatuur, leidingen en oppervlakken	33
2.2.3	Lucht	34
2.2.4	Overige besmettingsbronnen	35
2.2.5	Indicatororganismen en totaal kiemgetal	36
2.3	Groei van micro-organismen	37
2.4	Factoren van invloed op groei	39
2.4.1	Temperatuur	40
2.4.2	Wateractiviteit	41
2.4.3	Zuurgraad	44

2.4.4	Gassamenstelling	46
2.4.5	Conserveermiddelen	49
2.4.6	Overige factoren	50
2.5	Informatie op internet	52
2.6	Leervragen	52
3	**Voedselveiligheid**	**57**
3.1	Inleiding	57
3.2	Voedselinfectie en/of -vergiftiging	58
3.3	Levensmiddelenpathogenen	60
3.3.1	*Bacillus cereus*	61
3.3.2	*Campylobacter*	64
3.3.3	*Clostridium botulinum*	65
3.3.4	*Clostridium perfringens*	67
3.3.5	*Cronobacter sakazakii*	67
3.3.6	*Escherichia coli*	69
3.3.7	*Escherichia coli* O157	70
3.3.8	*Legionella*	72
3.3.9	*Listeria monocytogenes*	73
3.3.10	*Salmonella*	75
3.3.11	*Staphylococcus aureus*	77
3.3.12	Overige bacteriële pathogenen	79
3.3.13	Virussen	80
3.3.14	Parasieten	83
3.3.15	Prionen	91
3.4	Overzicht pathogenen	92
3.5	Informatie op internet	93
3.6	Leervragen	94
4	**Wetgeving, voedselveiligheids-**	
	systemen en levensmiddelenhygiëne	**103**
4.1	Inleiding	103
4.2	Voedselveiligheidswetgeving	104
4.3	Hazard Analysis Critical Control Points (HACCP)	108
4.4	Hygiënecodes	111
4.5	Hygiënemaatregelen	113
4.5.1	Bedrijfshygiëne	114
4.5.2	Persoonlijke hygiëne	116
4.6	Rol Voedsel en Waren Autoriteit	117

4.6.1	Meldingsplicht	117
4.6.2	Terughaalacties	117
4.6.3	Handhaving	118
4.7	Informatie op internet	119
4.8	Leervragen	120
4.9	Casus HACCP	121
5	**Reiniging en desinfectie**	**129**
5.1	Inleiding	129
5.2	Reinigen	130
5.3	Desinfectie	133
5.3.1	Wetgeving	133
5.3.2	Desinfectiemiddelen	135
5.4	Factoren van invloed op effect reiniging en desinfectie	137
5.5	Controle op reiniging en desinfectie	138
5.6	Informatie op internet	139
5.7	Leervragen	140
6	**Chemische voedselveiligheid**	**143**
6.1	Inleiding	143
6.2	Criteria	144
6.3	Natuurlijke gifstoffen	145
6.3.1	Mycotoxinen	145
6.3.2	Fytotoxinen	147
6.3.3	Fycotoxinen	150
6.3.4	Allergenen	151
6.3.5	Nitraat en nitriet	153
6.4	Bestrijdingsmiddelen	155
6.5	Gifstoffen via milieuverontreiniging	157
6.5.1	Zware metalen	157
6.5.2	Dioxines en PCB's	160
6.6	Diergeneesmiddelen en hormonen	161
6.6.1	Antibiotica	161
6.6.2	Hormonen	163
6.7	Additieven	164
6.8	Acrylamide en Polycyclische Aromatische Koolwaterstoffen (PAK's)	165
6.9	Informatie op internet	166
6.10	Leervragen	166

7	Fysische voedselveiligheid	171
7.1	Inleiding	171
7.2	Toelichting en voorbeelden	172
7.3	Aanwezigheid en detectie productvreemde materialen	173
Bijlage	**Achtergrond van processen of technieken**	**175**
Antwoorden		**179**
Uitwerking casus HACCP		**187**
Register		**191**

Inleiding

Voeding en gezondheid zijn sterk met elkaar verbonden. Gezonde voeding draagt bij aan een goede gezondheid en het voorkomen van ziektes. Daarnaast is het belangrijk dat voedingsmiddelen veilig zijn; mensen moeten erop kunnen vertrouwen dat hun eten de gezondheid niet in gevaar brengt. Voedingsmiddelen moeten zodoende aan allerlei eisen met betrekking tot de kwaliteit en de veiligheid voldoen. Deze eisen gaan bijvoorbeeld over het vermijden van besmetting met (ziekteverwekkende) micro-organismen, de aanwezigheid van chemische stoffen en/of productvreemde materialen.
Afhankelijk van het soort verontreiniging (biologisch, chemisch of fysisch) zijn effecten op korte termijn waarneembaar (voedselinfectie en/of -vergiftiging, scherpe of harde materialen) of juist op langere termijn (mycotoxinen, zware metalen, en dergelijke).

Dit boek licht de diverse microbiologische, chemische en fysische factoren toe, die nadelig zijn voor de gezondheid van de mens en via voedingsmiddelen kunnen worden overgedragen.
Om goed te kunnen begrijpen hoe micro-organismen van invloed zijn op de veiligheid van voedsel, worden eerst de achterliggende microbiologische principes toegelicht. Op die manier wordt inzicht verkregen in hoe micro-organismen zich gedragen, waar ze aanwezig zijn en hoe ze te beïnvloeden zijn.
Vervolgens wordt specifiek ingegaan op de (microbiologische) voedselveiligheid en komen ook zaken als wetgeving en reiniging en desinfectie aan bod.
Het boek eindigt met een behandeling van schadelijke chemische stoffen welke in voedsel aanwezig kunnen zijn en een korte bespreking van mogelijke productvreemde materialen.

Door bestudering van dit boek wordt de kennis op het gebied van voedselveiligheid vergroot, waardoor een ieder goed in staat is aan te geven welke voedingsmiddelen veilig zijn en hoe met voedingsmiddelen moet worden omgegaan om ze veilig te houden.

1 Micro-organismen

1.1 Inleiding

Een belangrijk kenmerk van micro-organismen is dat ze zo klein zijn dat ze niet met het blote oog waarneembaar zijn. Er bestaan verschillende soorten micro-organismen, namelijk bacteriën, gisten en schimmels. Andere soorten die strikt genomen niet tot de micro-organismen behoren maar daar vaak wel onder worden geschaard zijn de virussen, protozoa en wormen.
Virussen zijn namelijk geen levende organismen, protozoa en wormen (of stadia van hun levenscycli) zijn soms wel zichtbaar met het blote oog.

Micro-organismen zoals bacteriën, schimmels en gisten werden al duizenden jaren door de mens gebruikt bij de bereiding van voedingsmiddelen zoals kaas, wijn en brood, zonder dat men van hun bestaan op de hoogte was. Pas sinds de ontwikkeling van de eerste microscoop in de 17^e eeuw was het mogelijk micro-organismen te zien. Antonie van Leeuwenhoek ontwikkelde een microscoop waarmee hij micro-organismen waarnam. Bij onderzoek van zijn eigen speeksel zag hij 'veele zeer kleine dierkens' (zie figuur 1.1). Sinds die tijd heeft de microbiologie zich als wetenschap ontwikkeld en blijkt dat micro-organismen een belangrijke rol spelen in kringlopen, in de medische wetenschap en in de voeding.

Micro-organismen zijn overal aanwezig: in grond, water, dieren, planten, voedsel, mensen, enzovoort. Zodoende zijn micro-organismen ook in voedsel aanwezig, soms gewenst maar vaker ongewenst. In beide gevallen is het belangrijk om de groei en ontwikkeling van micro-organismen te kunnen beïnvloeden. Kennis daarover maakt het mogelijk om de ontwikkeling van ongewenste micro-organismen te voorkomen of de groei van gewenste micro-organismen te bevorderen.

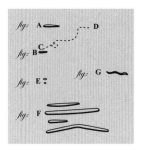

"Mijn gewoonte is des mergens myn tanden te vryven met zout, en dan myn mont te spoelen met water, en wanneer ik gegeten heb, veeltijts myn kiezen met een tandstoker te reinigen;.... Dat in de gezeide materie waren, veele zeer kleine dierkens, die haar zeer aardig beweegden. De grootste soort was, van Fig.A. dezelfve hadden een zeer starke beweginge, en schoten door het water, of speeksel, als een snoek door het water doet; deze waren meest doorgaans weinig in getal", geschreven in 1683.

Figuur 1.1 Micro-organismen in speeksel, waargenomen door Antonie van Leeuwenhoek (bron: Nesse, W., et al., 2006).

1.2 Indeling en naamgeving

Alle levende organismen bestaan uit cellen. In 1937 werd duidelijk dat er twee verschillende celtypen bestaan: de eukaryotische en prokaryotische cel. Afhankelijk van het celtype worden sindsdien organismen ingedeeld als eukaryoot of prokaryoot.

De beide celtypen hebben enkele overeenkomsten, maar belangrijke verschillen zijn er ook (zie tabel 1.1 voor een overzicht). Alle cellen zijn omgeven door een celmembraan, bevatten DNA (genetisch materiaal) en bezitten ribosomen. De eukaryotische cel is een cel met een volledige celbouw. Daarnaast bevatten eukaryotische cellen organellen. Deze structuren worden gezien als de 'organen' van de cel en maken diverse celprocessen mogelijk. Een belangrijk organel is de celkern waarin het DNA is verpakt.

De prokaryotische cel heeft een simpele opbouw zonder duidelijke celkern, waarbij het DNA vrij in het cytoplasma (het inwendige van de cel) ligt. Zie figuur 1.2 voor de verschillen in celopbouw.

Tabel 1.1 Belangrijkste overeenkomsten en verschillen tussen eukaryotische en prokaryotische cellen.

	Eukaryotische cel	Prokaryotische cel
celmembraan	+	+
DNA	+	+
ribosomen	+	+
organellen	+	-
celkern	+	-
celbouw	volledig	simpel

Prokaryotische cel

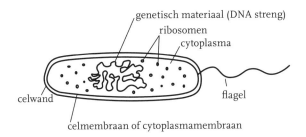

Eukaryotische cel

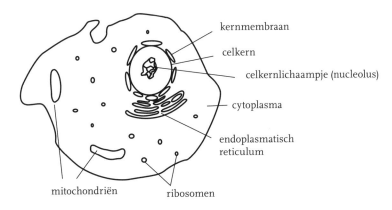

Figuur 1.2 Voorbeelden van een prokaryotische en eukaryotische cel.

Van alle levende organismen zijn alleen de bacteriën en archaebacteriën (ook wel oerbacteriën genoemd) prokaryoot. Alle overige levensvormen zijn eukaryoot (planten, dieren, protozoa, schimmels, gisten en algen). Virussen vallen buiten deze indeling aangezien zij zich niet zelfstandig kunnen voortplanten. Aan de hand van het soort cel en andere overeenkomstige kenmerken worden alle levende wezens ingedeeld in groepen (taxonomie). Momenteel zijn alle levende wezens in de drie domeinen ingedeeld waarbij de eukaryoten vervolgens worden onderverdeeld in vier rijken (zie tabel 1.2).

Tabel 1.2 Taxonomie van levende organismen.

Domein	Rijk
bacteriën (Bacteria)	
archaebacteriën (Archaea)	
eukaryoten (Eukarya) →	dieren (Animalia)
	planten (Plantae)
	schimmels (Fungi)
	protista (Protista)

Naamgeving

Micro-organismen zijn onderverdeeld in klassen, families, geslachten en soorten waarvoor de binomiale nomenclatuur geldt. Dit betekent dat deze organismen worden aangeduid met een geslachts- en soortnaam. De geslachtsnaam wordt altijd met een hoofdletter geschreven en de soortnaam met een kleine letter. Een familie bevat verschillende geslachten en de geslachten bevatten op hun beurt meerdere soorten. Tevens wordt de naam cursief weergegeven.

Bij de bacteriën bijvoorbeeld bestaat de familie der *Bacillaceae*. Hiertoe behoort onder andere het geslacht *Bacillus*. Tot dit geslacht behoren verschillende *Bacillus*-soorten, ook wel aangeduid met de Engelse term 'species' en afgekort tot 'spp' (*Bacillus* spp.) of simpelweg als *Bacillus*. Een voorbeeld van een soort binnen dit geslacht is *'cereus'*. De volledige naam van deze bacteriesoort is dan *Bacillus cereus*. Zie tabel 1.3 voor meer voorbeelden.

Tabel 1.3 Voorbeelden van indeling van enkele families en daaronder horende geslachten en soorten.

Familie	Geslacht	Soort (specie, sp.)
Bacillaceae	*Bacillus*	*cereus*
	Bacillus	*polymyxa*
	Clostridium	*perfringens*
	Clostridium	*botulinum*
Enterobacteriaceae	*Escherichia*	*coli*
	Cronobacter	*sakazakii*
Pseudomonaceae	*Pseudomonas*	*aeruginosa*
	Pseudomonas	*fluorescens*

1.3 Bacteriën

Bacteriën (prokaryoot) zijn eencellige organismen zonder duidelijke celkern waarbij het DNA vrij in het cytoplasma ligt. Ze planten zich voort door binaire deling; dit is een ongeslachtelijk proces. De delingstijd kan onder optimale omstandigheden circa 20 minuten bedragen. Er bestaan bolvormige (coc), staafvormige en spiraalvormige bacteriën. De doorsnede van coccen bedraagt circa 1 μm. Staafvormige bacteriën hebben een diameter van 0.6-0.8 μm en een lengte variërend van 1-2 μm. Sommige soorten kunnen zich voortbewegen door de aanwezigheid van zweepdraden (flagellen).

Coccen leven in verschillende vormen, die ontstaan door een onvolledige deling. Zo bestaan er duplococcen, streptococcen, staphylococcen enzovoort. Staafjes komen alleen of in ketens voor. Spiraalvormige bacteriën (vibrio's en spirillen) leven voornamelijk individueel. Zie figuur 1.3 voor enkele voorbeelden.

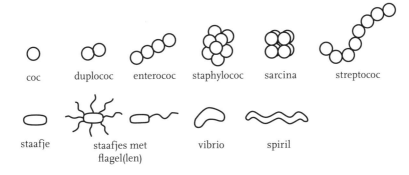

Figuur 1.3   Verschillende bacterievormen (samengesteld uit: Stichting Effi, januari 2005).

De indeling van bacteriën in families, geslachten en soorten is in eerste instantie gebaseerd op morfologische (uiterlijke) kenmerken: is de bacterie bol-, staaf- of spiraalvormig, zijn sporen zichtbaar, bezit de bacterie een of meerdere flagellen. Daarnaast speelt de samenstelling van de celwand een belangrijke rol bij de indeling. Op grond daarvan is een indeling te maken in twee groepen: de Gramnegatieven en de Grampositieven. Simpel gezegd hebben de Gramnegatieve bacteriën een dunnere celwand* dan de Grampositieven. Dit verschil is te zien door een Gramkleuring* uit te voeren. Hierbij werken specifieke kleurstoffen in op de bacteriën. Vervolgens volgt beoordeling

met behulp van de microscoop. Grampositieve bacteriën zijn paars gekleurd, Gramnegatieve roze.
Een grote en belangrijke groep Gramnegatieven zijn de bacteriën horend tot de familie van de *Enterobacteriaceae* (kortweg vaak entero's genoemd). Ook zijn ze zijn allemaal staafvormig. Bacteriën horend tot de familie van de *Bacillaceae* zijn alle Grampositief (en staafvormig).

Voor een verdere indeling van bacteriën worden vervolgens de biochemische kenmerken in kaart gebracht. Voorbeelden hiervan zijn de aan- of afwezigheid van specifieke enzymen (katalase, oxidase), de zuurstofbehoefte (zie hierna) en de mogelijkheid om bepaalde stoffen als koolhydraten, aminozuren en eiwitten af te breken.

* De celwandsamenstelling en een toelichting op de Gramkleuring staat vermeld in de bijlage op bladzijde 175.

Sporenvorming
Alleen bacteriesoorten horend tot de familie van de *Bacillaceae* kunnen sporen vormen. In de levensmiddelenmicrobiologie zijn de bacteriën horend tot de geslachten *Bacillus* en *Clostridium* daarvan de belangrijkste. Ze worden kortweg vaak sporenvormers genoemd. De spore wordt gevormd in de cel (endospore) en heeft als voornaamste doel het overleven van ongunstige omstandigheden als hitte en droogte. Onder dergelijke omstandigheden verandert de bacteriecel, waarna de spore in een soort slaaptoestand overblijft. Als vervolgens de omstandigheden weer gunstig zijn, kan de spore ontkiemen en uitgroeien tot een normale vegetatieve cel, waarna verdere groei mogelijk is (zie figuur 1.4).

Zuurstofbehoefte
De zuurstofbehoefte van bacteriën speelt een belangrijke rol bij de indeling van bacteriën. Voor het goed laten verlopen van de celprocessen is voor sommige bacteriën de aanwezigheid van zuurstof een strikte voorwaarde. Dit zijn de aerobe bacteriën waarbij de groei stopt als zuurstof niet aanwezig is.
In tegenstelling tot deze groep aeroben, zijn er de anaerobe bacteriën. Voor deze bacteriën is zuurstof juist giftig. Vervolgens blijft er een groep bacteriën over waarbij het in feite niet veel uitmaakt of zuurstof aan- of afwezig is. Onder beide omstandigheden vindt groei plaats. Dit zijn de facultatief anaeroben.
Ten slotte blijven de micro-aerofielen over. Dit zijn de bacteriën die het mak-

kelijkst kunnen groeien indien er slechts een paar procent zuurstof aanwezig is (verlaagde zuurstofspanning). Zie tabel 1.4 voor een overzicht.

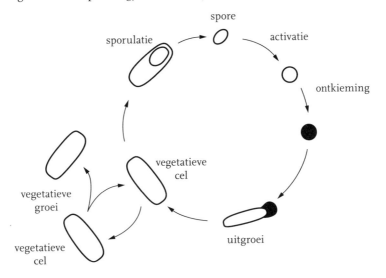

Figuur 1.4 Levenscyclus van sporenvormers (samengesteld uit: Giffel, M.C. te, 1997, Montville, T.J., Matthews, K.R., 2008).

Tabel 1.4 Zuurstofbehoefte van bacteriën.

Zuurstofbehoefte	Toelichting
aeroob	zuurstof noodzakelijk voor groei
micro-aerofiel	groei optimaal bij een verlaagde zuurstofspanning
facultatief anaeroob	groei zowel met als zonder zuurstof
anaeroob	groei als zuurstof afwezig is

Pathogeniteit

Mensen komen continu in aanraking met bacteriën, onder andere via voedsel. Meestal leidt dit niet tot ziekte maar soms wel. Bacteriën die ziekte veroorzaken worden pathogenen genoemd. De meeste pathogene bacteriën leiden tot ziekte als gevolg van de vorming of aanwezigheid van gifstoffen (toxinen). Er zijn twee soorten toxinen: exotoxine en endotoxine.

Exotoxinen zijn kleine eiwitten die tijdens de stofwisseling van de cel worden gevormd en uitgescheiden in de omgeving, bijvoorbeeld in voedsel (exo = buiten of uitwendig). De inname van (voldoende) exotoxine leidt vervolgens tot ziekte. Bacteriële exotoxinen worden alleen gevormd door Grampositieve bacteriën.

Endotoxinen daarentegen maken onderdeel uit van de celwand (endo = binnen of inwendig) van een bacterie en worden niet uitgescheiden. Ziekte treedt alleen op na inname van een (meestal) grote hoeveelheid levende bacteriën. Na hechting en uitgroei van de bacteriën in de darmen reageert het lichaam op de endotoxinen in de celwand van de bacterie.

Enkele belangrijke kenmerken van bacteriën staan in tabel 1.5.

Tabel 1.5   Enkele belangrijke kenmerken van bacteriën.

Eigenschappen	Kenmerken
vorm	bol-, staaf-, of spiraalvormig
zuurstofbehoefte	aeroob, micro-aerofiel, facultatief anaeroob of anaeroob
celwandsamenstelling	Gramnegatief of Grampositief
sporenvorming	alleen mogelijk door Grampositieve *Bacillaceae* (*Bacillus* en *Clostridia*)
pathogeniteit	vorming vrijkomende exotoxinen alleen mogelijk door Grampositieve bacteriën, endotoxinen in celwand van Gramnegatieve bacteriën

1.4   Schimmels en gisten

Het rijk der *Fungi* (schimmels en gisten) omvat in totaal zes klassen waarvan alleen de onderstaande relevant zijn voor de levensmiddelenmicrobiologie:
- *Basidiomyceten* (hieronder vallen de paddenstoelen);
- *Zygomyceten* (alleen schimmels, met name de lagere soorten zoals *Mucor*, *Rhizopus*);
- *Ascomyceten* (de grootste klasse, bevat gisten en schimmels zoals *Monascus*, *Eurotium*, *Saccharomyces*);
- *Deuteromyceten** (bevat gisten en schimmels zoals *Aspergillus*, *Penicillium*, *Fusarium*).

---

*   *Deuteromyceten* werden voorheen *Fungi Imperfecti* genoemd en worden tegenwoordig soms aangeduid als mitosporische fungi.

De eerste drie klassen kenmerken zich door zowel vegetatieve (ongeslachtelijke) als geslachtelijke voortplantingsmechanismen. De *Deuteromyceten* vormen een kunstmatige groepering van organismen, waarbij geslachtelijke vermeerdering (nog) niet is waargenomen.

Schimmels

Schimmels (eukaryoot) zijn meercellige micro-organismen met – na voldoende groei – een 'pluizig' uiterlijk. De schimmels die in voedsel voorkomen zijn strikt aeroob, ze kunnen alleen in aanwezigheid van zuurstof groeien.

Schimmels bestaan uit schimmeldraden (hyfen), die samen een netwerk (mycelium) vormen. De doorsnede van de draden bedraagt enkele μm, de lengte is vrijwel ongelimiteerd. Veel schimmels hebben hyfen met tussenschotten (septa), maar er zijn ook soorten zonder septa. In principe vormen schimmels ook sporen (afhankelijk van de omstandigheden). Deze dienen niet zozeer ter overleving (zoals bij bacteriën wel het geval is), maar zijn bedoeld voor de voortplanting.

Van sommige schimmels is bekend dat ze in staat zijn gifstoffen (mycotoxinen) te vormen. Deze veroorzaken op de lange termijn ziekte (zie ook 6.3.1 Mycotoxinen).

Schimmels worden vrijwel uitsluitend ingedeeld op grond van morfologische kenmerken (mycelium, type sporenvorming, wijze van voortplanting).

Afhankelijk van het soort schimmel kan voortplanting op de volgende manieren plaatsvinden:
1. door vorming van sporen (zie figuur 1.5 voor een voorbeeld);
2. door geslachtelijke voortplanting (versmelting van hyfen);
3. door ongeslachtelijke voortplanting (zonder versmelting).

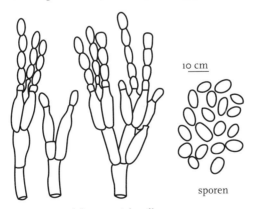

Figuur 1.5 Sporenvorming door een *Penicillium*-schimmel (bron: Samson, R.A., et al., 2004).

Schimmelgroei op voedsel is meestal ongewenst. Als het optreedt is er sprake van bederf. Dit is goed te zien aan het ontstaan van pluizige structuren (kolonies) waarbij na korte of langere tijd vaak diverse kleuren ontstaan (bijvoorbeeld grijs/groen, zwart, roze, geel). Bij het onverhoopt consumeren van beschimmeld voedsel is vaak een kenmerkende 'grondsmaak' waar te nemen. Soms is de groei van schimmels gewenst (fermentatie, zie ook onder 2.1 Inleiding) en wordt een grondstof opzettelijk beënt met een specifieke schimmelsoort. Voor het verkrijgen van tempé bijvoorbeeld worden gekookte sojabonen beënt met *Rhizopus oligosporus*. Bereiding van verschillende soorten schimmelkazen is alleen mogelijk dankzij de groei van enkele *Penicillium*-soorten op of in de kaas.

Gisten

Gisten (eukaryoot) zijn eencellige schimmels met een ronde tot ovale vorm (zie figuur 1.6 voor een voorbeeld); soms is de vorm enigszins hoekig. De grootte bedraagt circa 10 μm (circa 10 keer zo groot als bacteriën. Binnenin de cel is de kern duidelijk zichtbaar. Gisten zijn facultatief anaeroob, ze kunnen zowel groeien met als zonder zuurstof. Ze planten zich voort door middel van knopvorming (ongeslachtelijke vorm) of door de vorming van ascosporen (geslachtelijk). Ze worden ingedeeld op morfologische (vorm, sporen) en biochemische (gebruik en/of vergisting van suikers) kenmerken.

Gisten zijn regelmatig verantwoordelijk voor bederf van voedsel maar zijn soms onmisbaar bij de productie van levensmiddelen. Brood, wijn en bier zijn voorbeelden van levensmiddelen die alleen maar kunnen worden gemaakt dankzij de groei van gisten.

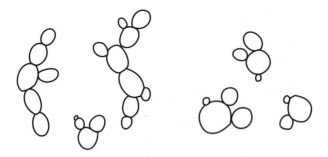

Figuur 1.6 Vorm en voortplanting van een gist (bron: Samson, R.A., et al., 2004).

1.5 Virussen

Virussen horen niet tot de levende organismen omdat zij geen cellulaire bouw en geen eigen stofwisseling hebben. Alleen in levende cellen is vermeerdering van virussen mogelijk.
Feitelijk is een virus niets anders dan genetisch materiaal (DNA of RNA) in een omhulsel. Na infectie van een levende cel vindt vermenigvuldiging van het virus plaats hetgeen ten koste gaat van de gastheercel. De cel breekt open, waardoor nieuwe virusdeeltjes vrijkomen die omliggende cellen infecteren.

Er bestaan veel verschillende soorten virussen die vaak specifieke gastheren kennen. Virussen kunnen aan de hand daarvan worden ingedeeld. Zo zijn er specifieke plant-, dier-, mens- en bacterievirussen.
Als een virus zich alleen in een bacteriecel kan vermenigvuldigen wordt het virus een (bacterio)faag genoemd. Zie figuur 1.7 voor een voorbeeld van een bacteriofaag.

De laatste jaren blijkt dat virussen in toenemende mate verantwoordelijk zijn voor het ontstaan van voedselinfecties zoals bijvoorbeeld het Norovirus.

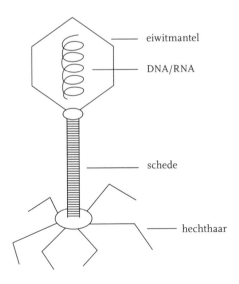

Figuur 1.7 Voorbeeld van een bacteriofaag.

1.6 Informatie op internet

Video's

Micro-organismen ('germs') op mobiele telefoons (Engelstalig, You Tube):
http://www.youtube.com/watch?gl=NL&hl=nl&v=4lmwbBzClAc&feature=related

Infectie van bacterie door virus (bacteriofaag, You Tube):
http://www.youtube.com/watch?v=41aqxcxsX2w&feature=related

Kennis

Fooddata (www.fooddata.nl), Microbiologie, Algemene achtergronden:
http://www.fooddata.nl/Fooddata/content/category1.asp?catid=48

Food info (www.food-info.net), Voedselveiligheid, Bacteriën:
www.food-info.net/nl/bact/intro.htm

1.7 Leervragen

1. Wat zijn micro-organismen? Welke soorten micro-organismen kunnen in levensmiddelen voorkomen en eventueel problemen veroorzaken?
2. Geef voorbeelden van nuttige, lastige en gevaarlijke aspecten van micro-organismen.
3. Beschrijf hoe bacteriën eruitzien en geef aan op welke wijze en hoe snel (onder gunstige omstandigheden) ze zich vermeerderen.
4. Bacteriën verschillen morfologisch van elkaar. Welke groepen bacteriën kun je onderscheiden aan de hand van de celwandsamenstelling? Geef drie voorbeelden van bacteriën uit elke groep.
5. Welke bacteriën kunnen sporen vormen? Zijn deze Grampositief of -negatief?
6. Wat betekent sporenvorming voor het conserveren en bewaren van voedsel?
7. Hoe zien gisten en schimmels eruit en hoe vindt vermeerdering plaats?
8. Wat zijn virussen en hoe vermeerderen zij zich?

Geraadpleegde bronnen

Deacon, J., *Fungal Biology*, fourth edition, Blackwell Publishing Ltd (2006) p. 1-47.

Giffel, M.C. te, *Isolation, identification and characterization of Bacillus cereus from the dairy environment*, Thesis Landbouwuniversiteit Wageningen (1997) p. 3.

Moll, W., Antonie van Leeuwenhoek, www.euronet.nl/users/warnar/leeuwenhoek.html (maart 2009).

Montville, T.J., Matthews, K.R., *Food microbiology, An introduction*, second edition, ASM Press, Washington (2008) p. 53.

Nesse, W., Spijkervet, F.K.L., Abbas, F., Vissink, A., 'Relatie tussen parodontale gezondheid en algemene gezondheid 1, Luchtweginfecties en hart- en vaatziekten', *Nederlands Tijdschrift voor Tandheelkunde*, 113 (2006) p. 186-190.

Ridderbos, drs. G.J.A., *Levensmiddelenhygiëne*, achtste herziene druk, Elsevier Gezondheidszorg, Maarssen (2006) p. 25-48.

Samson, R.A., Hoekstra, E.S., Frisvad, J.C., *Introduction to food- and airborne fungi*, seventh edition, Centraalbureau voor Schimmelcultures, Utrecht (2004) 389 p.

Simon, E.J., Reece, J.B., Dickey, J.L., *Campbell Essential Biology with Physiology*, 3rd edition, Benjamin Cummings, Boston (2010) p. 58-63, 188-197, 299-313.

Stichting Effi, *Dictaat Levensmiddelenmicrobiologie & -hygiëne*, Wageningen (januari 2005) h2 p. 1-6.

2 Bederf van voedsel

2.1 Inleiding

Levensmiddelen kunnen bederven. Bij bederf verandert de kwaliteit van het levensmiddel zodanig dat het minder of niet meer geschikt is voor consumptie. Het kenmerkt zich door veranderingen ten aanzien van smaak, uiterlijk en structuur. Er zijn verschillende vormen van bederf, namelijk:
- chemisch bederf;
- enzymatisch bederf;
- fysisch bederf;
- microbieel bederf.

Chemisch bederf wordt veroorzaakt door het optreden van chemische reacties tussen verschillende bestanddelen van het voedsel of tussen de bestanddelen en zuurstof (oxidatie). Een voorbeeld van het laatst genoemde is het 'rans' worden van vetrijke producten bij aanwezigheid van zuurstof (vetoxidatie). Het vet oxideert (gaat een verbinding aan) met zuurstof waardoor smaakverandering optreedt.

Enzymatisch bederf treedt op door reacties die worden gekatalyseerd (versneld) door enzymen afkomstig van het product of micro-organismen. Zo is bruinkleuring van appels na beschadiging of snijden, een voorbeeld van enzymatisch bederf. Het in appels (en ander fruit) aanwezige enzym polyfenoloxidase versnelt de reactie waarbij polyfenolen worden omgezet in bruine pigmenten.
Vormen van fysisch bederf zijn onder andere mechanische beschadiging van voedsel, vorstschade van groente en fruit, absorptie van geuren (met name door vetten) en uitdroging van levensmiddelen (bijvoorbeeld in de vriezer).

Door (uit)groei van micro-organismen ontstaat microbieel bederf. Tijdens de groei produceren micro-organismen enzymen die in staat zijn voedingsbestanddelen af te breken of om te zetten. Er ontstaan in de loop van de tijd chemische componenten met een onaangename reuk of smaak en/of de consistentie verandert. Zo worden (onder andere) suikers omgezet in zuren en eiwitten, en aminozuren afgebroken tot zwavelhoudende verbindingen en ammoniak.

Van microbieel bederf is sprake indien meer dan 10.000.000 kiemen per gram of milliliter in een product aanwezig zijn (ofwel 10^7 kiemen/g of ml). Dit geldt overigens niet voor gefermenteerde producten (zie hierna onder Fermentatie). Microbieel bederf van levensmiddelen kan alleen optreden indien eerst besmetting (contaminatie) van het levensmiddel met micro-organismen optreedt, gevolgd door groei (proliferatie) van deze micro-organismen. Zodoende wordt in 2.2 eerst ingegaan op mogelijke besmettingsbronnen en komt in 2.3 de groei van micro-organismen aan bod.

Normaal gesproken is het belangrijk groei van micro-organismen in levensmiddelen zo veel mogelijk te voorkomen. Er zijn echter levensmiddelen die alleen maar kunnen worden geproduceerd dankzij de groei van micro-organismen. Het gaat hier om gefermenteerde producten.

Fermentatie
Diverse dagelijks geconsumeerde levensmiddelen, kunnen alleen gemaakt worden dankzij de groei van micro-organismen in voedsel. Voorbeelden van deze producten zijn: kaas, karnemelk, yoghurt, bier, brood, tempé, wijn, zuurkool, sojasaus, thee, koffie en azijn.

Bij deze producten wordt de grondstof met opzet beënt met een of meerdere soorten micro-organismen of vindt spontane fermentatie plaats. Vervolgens zorgt men er juist voor dat groei van deze micro-organismen zo veel mogelijk wordt bevorderd. Tijdens de groei zorgen enzymen van de micro-organismen ervoor dat de grondstof wordt omgezet/afgebroken, waardoor smaak, geur, consistentie, verteerbaarheid en/of houdbaarheid in gunstige zin veranderen. Fermentatie en bederf liggen in feite heel dicht bij elkaar.

Diverse micro-organismen zijn betrokken bij fermentatieprocessen. Zo is de gist *Saccharomyces cerevisiae* nodig bij de bereiding van brood, bier en wijn. Deze gist zet suiker om in alcohol en koolzuur (CO_2). Melkzuurbacteriën zijn onmisbaar bij (onder andere) de productie van yoghurt, kaas en snijworst. Deze groep bacteriën is omvangrijk, maar heeft als belangrijk kenmerk dat hij suikers omzet in melkzuur. Schimmels zijn verantwoordelijk voor het fermentatieproces van (gekookte) sojabonen waardoor tempé ontstaat. De schimmel groeit min of meer door de bonen heen en vormt een soort koek. Tijdens dit proces worden soya-eiwitten afgebroken, wat de verteerbaarheid ten goede komt. Daarnaast bestaan er levensmiddelen die door combinaties van deze groepen worden gefermenteerd, zoals camembert (bacteriën en schimmel), salami (bacteriën en schimmel) en ketjap (bacteriën, gisten en schimmels).

2.2 Besmettingsbronnen

Voordat consumptie van voedsel plaatsvindt, hebben de meeste levensmiddelen al een lange weg achter de rug. Hierbij is besmetting met micro-organismen moeilijk te voorkomen (micro-organismen zijn overal). Denk bijvoorbeeld aan de slacht van dieren in het slachthuis en het verder uitsnijden van vlees bij vleesverwerkende bedrijven of de slager. In principe is vlees inwendig steriel maar bij de slacht en het verdere uitsnijden wordt het vleesoppervlak besmet. Dit kan zijn met bacteriën van het dier zelf (via huid of darmen), uit de omgeving (mensen, grond, water) maar ook met bacteriën aanwezig op apparatuur, messen en snijplanken.

Een ander voorbeeld is melk. Evenals vlees is dit in beginsel steriel. De eerste besmetting met micro-organismen vindt plaats in het tepelkanaal van de uier, doordat bacteriën van buitenaf de tepel binnendringen. Normaal gesproken bevat melk – desondanks – lage aantallen bacteriën. Zijn koeien echter vuil, dan vindt besmetting plaats met hogere aantallen. Vaak zijn deze bacteriën afkomstig uit mest, huid, grond of voer. Daarnaast kan verdere besmetting optreden bij verwerking van de melk in de fabriek (mensen, water, lucht, procesapparatuur).

Wat geldt voor vlees en melk, geldt ook voor andere voedingsmiddelen als groente, fruit, vis, en daarvan afgeleide producten. Micro-organismen zijn overal en kunnen voedsel besmetten. De mate waarin producten besmet worden hangt af van de hygiënische maatregelen. Dit zijn de maatregelen die worden genomen om een goede (microbiologische) kwaliteit te garanderen, zodat besmetting niet of zo min mogelijk plaatsvindt. Bijvoorbeeld het reinigen en desinfecteren van procesapparatuur.

Het is belangrijk om kennis te hebben van hoe voedingsmiddelen besmet kunnen raken. Zodoende worden hierna enkele belangrijke besmettingsbronnen behandeld. Zie tabel 2.1 voor een overzicht.

Tabel 2.1 Overzicht van enkele belangrijke besmettingsbronnen.

Besmettingsbronnen	Besmetting mogelijk via
mensen	handen, haren, huidschilfers, speeksel
apparatuur, leidingen, oppervlakken	slecht hygiënisch ontwerp, onjuiste reiniging en desinfectie, biofilm
lucht	Grampositieven en sporen in lucht, bacteriën in aerosolen
dieren	dragers van micro-organismen
verpakkingsmaterialen	vuile materialen
water	hergebruik water

2.2.1 Mensen

Mensen kunnen voedsel besmetten met micro-organismen afkomstig van handen, haren, huidschilfers en speeksel. Soms zijn daarbij pathogene micro-organismen aanwezig, bijvoorbeeld *Staphylococcus aureus* (zie ook 3.3.11). Via neussnuiten, handcontact, niezen of hoesten kan verdere verspreiding en besmetting plaats vinden.

De bacterie *S. aureus* komt bij ongeveer de helft van de mensen voor in het neusslijmvlies of op de handen. Van dit dragerschap merkt men over het algemeen niks. Alleen bij huidontstekingen komen grote aantallen *S. aureus* voor.

Handhygiëne

Een hand voldoet niet aan de eisen van een ideaal (glad) oppervlak. Nagelriemen, nagels, huidschilfers, groeven en haren, leveren alles bij elkaar een plaats op waar vuil en micro-organismen zich prima kunnen verschuilen. Op de huid bevinden zich dan ook veel micro-organismen. Deze huidflora kan globaal worden ingedeeld in twee groepen:
– de residente micro-organismen: dit zijn de soorten die op de huid 'thuishoren';
– de transiënte micro-organismen: de soorten die toevallig op handen aanwezig zijn (door besmetting).

De residenten zijn aangepast aan het milieu van de huid; ze kunnen zowel overleven als uitgroeien (koloniseren). De belangrijkste vertegenwoordigers van deze groep zijn micrococcen, staphylococcen, propionibacteriën en corynebacteriën.

De transiënten komen van buitenaf op de huid en kunnen daar korte of langere tijd overleven, maar zich niet vermeerderen. Dit kunnen allerlei bacteriesoorten zijn, want 'met datgene waarmee men omgaat, raakt men besmet'. Over het algemeen laten deze micro-organismen zich relatief makkelijk van de huid verwijderen door bijvoorbeeld de handen goed te wassen. Onder bepaalde omstandigheden kunnen transiënten echter koloniseren op de huid. Hiervan is de bacterie *S. aureus* een voorbeeld.

Handen wassen is een zeer belangrijk aspect van hygiënische bedrijfsvoering. Maar microbiologisch gezien worden handen daardoor niet echt schoon. Het heeft vaak slechts een gering effect op de residente huidflora; de transiënte flora (niet huideigen flora) wordt er onvolledig door verwijderd.
Toch is het niet zo dat het handen wassen afgeschaft moet worden. Er is echter pas sprake van enig effect als het intensief en langdurig gebeurt. Het gebruik van desinfecterende zepen heeft alleen zin, wanneer de wastijd voldoende lang is.

Via slecht handen wassen na de toiletgang kunnen darmbacteriën op handen aanwezig zijn. De darmflora bestaat uit diverse soorten bacteriën die in hoge aantallen aanwezig zijn (tot circa 10^{10} per gram feces). Een belangrijke groep bacteriën in feces is de *Enterobacteriaceae* (entero's). Deze groep bacteriën wordt gebruikt als indicatororganismen voor hygiënische werkwijzen (zie 2.2.5 Indicatororganismen en totaal kiemgetal).

2.2.2 Apparatuur, leidingen en oppervlakken

Een andere mogelijke bron van besmetting is de apparatuur waarmee gewerkt wordt. Door onjuist of niet tijdig schoonmaken kunnen hoge aantallen bacteriën op materialen achterblijven (zie ook 5. Reiniging en desinfectie). Op deze wijze kan (extra) besmetting van voedsel plaatsvinden.
Ook als gevolg van slechte hygiënische ontwerpen van apparatuur is besmetting mogelijk, doordat apparatuur of leidingen simpelweg niet goed schoon te krijgen zijn. Zo kunnen er dode hoeken aanwezig zijn waar vuil (en bacteriën) niet goed te verwijderen is. Zie figuur 2.1 voor een voorbeeld van een goed en een slecht hygiënisch ontwerp.

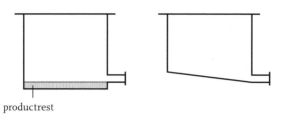

productrest

Figuur 2.1 Voorbeeld van een slecht (links) en goed (rechts) hygiënisch ontwerp van een tank.

Biofilm

Bacteriën zijn in staat zich aan een oppervlak te hechten. Zij kunnen daar een biofilm vormen indien schoonmaken niet op tijd of onjuist wordt uitgevoerd (zie ook onder 5.4 Factoren van invloed op effect reiniging en desinfectie).

In eerste instantie blijft een dunne laag bacteriën op het oppervlak achter, die door hechting moeilijker te verwijderen is. Op het moment dat voedingsstoffen beschikbaar zijn, vindt groei van de bacteriën plaats waarbij een slijmlaag wordt gevormd. Deze slijmlaag zorgt ervoor dat de bacteriën nog beter op hun plek blijven zitten. Daarnaast biedt de slijmlaag extra bescherming tegen de inwerking van schoonmaak- en desinfectiemiddelen en zijn bacteriën in een biofilm beter bestand tegen hitte en droogte.

Op het moment dat voedsel in contact komt met een biofilm kan een gedeelte van de film losraken met daarin de bacteriën. Op deze wijze kan een biofilm een ernstige bron van besmetting vormen.

Biofilms komen vaak en overal voor. Ze kunnen in pijpleidingen en warmtewisselaars voorkomen en daar leiden tot roestvorming of vermindering van warmteoverdracht. Een bekend voorbeeld van een biofilm is tandplaque op tanden. Een ander voorbeeld zijn mensen die intraveneus (via een bloedader) met een katheter voeding, vocht of medicijnen toegediend krijgen, zij kunnen geïnfecteerd raken door biofilmvorming in de slang.

2.2.3 Lucht

Naast de mens en procesapparatuur kan ook lucht een belangrijke besmettingsbron zijn. In lucht bevinden zich overwegend sporen van schimmels en Grampositieve bacteriën. Gramnegatieven kunnen slechts een korte tijd in lucht overleven; ze zijn gevoelig voor uitdroging en sterven snel af. Lucht is een mogelijke besmettingsbron bij de productie en het verpakken van levensmiddelen.

Bij een aantal processen komt lucht in intensief contact met het product, bijvoorbeeld in zogenaamde chillblasters (geforceerd snel terugkoelen van verhitte levensmiddelen) en bij het afkoelen of uitwasemen van warme producten. De gebruikte lucht wordt veelal aangezogen uit de naaste omgeving van het bedrijf of uit het bedrijf zelf. Filtratie van de aangezogen lucht is dan nodig om producten niet te besmetten.

Soms zijn aerosolen in lucht aanwezig. Dit zijn minuscule vochtdruppeltjes waarin zich tevens – vaak Grampositieve – micro-organismen kunnen bevinden. Voorbeelden van situaties waarbij mogelijk aerosolen worden gevormd zijn:
- gebruik van airconditioningsystemen;
- gebruik van afwasmachines;
- versproeien van water;
- niezen of hoesten van mensen;
- overgevende mensen.

Zolang aerosolen vocht bevatten (op een gegeven moment drogen ze uit), kunnen ook Gramnegatieve bacteriën in de druppeltjes aanwezig zijn. Besmetting met virussen is ook mogelijk via aerosolen gevormd na niezen, hoesten of braken.

2.2.4 Overige besmettingsbronnen

Water
Leidingwater is in Nederland van goede kwaliteit. Desondanks bevat het altijd lage aantallen bacteriën; het mag maximaal 100 micro-organismen per ml water bevatten. Bij hergebruik van water (bijvoorbeeld voor het wassen van groente) kan de microbiologische kwaliteit ervan snel achteruit gaan, waarna besmetting van nieuwe producten mogelijk is (met bacteriën afkomstig uit eerder gewassen producten).

Dieren
Ook insecten, knaagdieren en vogels dragen micro-organismen bij zich. Bij aanwezigheid ervan in bedrijfsruimtes kunnen ze micro-organismen op het product overbrengen. Bovendien veroorzaken deze dieren vraat en produceren ze uitwerpselen, wat uiteraard niet gewenst is.

Verpakkingsmateriaal
De gebruikte verpakking moet schoon zijn, soms zelfs steriel en (veelal) niet-doorlatend voor micro-organismen.

2.2.5 Indicatororganismen en totaal kiemgetal
Om de kwaliteit en veiligheid van voedsel te waarborgen vindt in het gehele traject, van de primaire productie van grondstoffen tot het verlaten van levensmiddelen in de fabriek of maaltijden in grootkeukens, controle van het proces plaats. Dit kan op verschillende manieren worden uitgevoerd. Bijvoorbeeld door het monitoren van de temperatuur op verschillende momenten in een proces, maar ook door producten te onderzoeken op micro-organismen.
Zo gelden microbiologische voedselveiligheidscriteria voor levensmiddelen die bestemd zijn voor de consument en zijn proceshygiënecriteria opgesteld die aangeven of een productieproces hygiënisch verloopt. Dit zijn verplichte onderzoeken. Daarnaast stellen bedrijven soms zelf aanvullende interne microbiologische criteria op ter waarborging van de kwaliteit.

In het algemeen geldt dat het zinvol is om voedsel te onderzoeken op een paar algemene microbiologische parameters die aangeven of het proces hygiënisch verloopt. Deze parameters worden indicatororganismen genoemd. Voorbeelden van indicatororganismen zijn *Enterobacteriaceae*, *Escherichia coli* en *Staphylococcus aureus*. Daarnaast zegt het totaal kiemgetal (aantal kolonievormende eenheden (kve) per gram of ml) iets over de algemene kwaliteit.

Enterobacteriaceae
De *Enterobacteriaceae* (kortweg vaak entero's genoemd) is een grote familie die uit vele soorten bacteriën bestaat, waaronder de pathogenen *Salmonella* (zie 3.3.10) en *Escherichia coli* O157 (zie 3.3.7). Al deze soorten zijn gevoelig voor verhitten. De herkomst kan zowel plantaardig als dierlijk zijn. De familie als geheel wordt gezien als een belangrijke indicator op (hygiënische) verontreiniging.
De aanwezigheid in voedsel wordt in verband gebracht met een (fecale) besmetting of een nabesmetting bij een correct verlopen verhittingsproces.

Escherichia coli
Escherichia coli (zie 3.3.6) wordt, net als de entero's, gebruikt als indicatororganisme voor hygiënische productiewijzen in het algemeen en een fecale besmetting in het bijzonder. In producten als rauw (pluimvee)vlees is de aanwezigheid het gevolg van een fecale besmetting tijdens de slacht. Is de bacterie

aangetoond, dan kan dit ook betekenen dat andere darmpathogenen aanwezig zijn (zoals *Salmonella*).
Als blijkt dat deze bacterie aanwezig is na een correct verlopen verhittingsproces, dan betekent dit dat nabesmetting heeft plaatsgevonden.

Staphylococcus aureus
Ook dit organisme is een goede indicator voor hygiënische werkwijzen (zie 3.3.11). Deze bacterie komt bij ongeveer de helft van de mensen voor in het neusslijmvlies of op de handen. Als *S. aureus* in hoge aantallen voorkomt in voedsel, kan dit aangeven dat de handhygiëne onvoldoende is geweest (bijvoorbeeld geen wegwerphandschoenen gebruikt of handen niet gewassen na niezen of hoesten).

Totaal kiemgetal
Het totaal kiemgetal zegt iets over de algemene microbiologische kwaliteit. Als er meer dan 10^7 micro-organismen per gram of milliliter in voedsel aanwezig zijn, dan is er sprake van bederf (dit geldt niet voor gefermenteerde producten, zie onder 2.1). Zijn de kiemgetallen tijdens een proces al te hoog, dan geeft dit aan dat er ergens 'iets' mis is gegaan en kan het ongeschikt zijn voor consumptie.

Het totaal kiemgetal is een veelgebruikte term maar eigenlijk niet correct. De juiste benaming is het mesofiel aeroob kiemgetal. Bij dit onderzoek worden alle micro-organismen aangetoond die in staat zijn bij 30°C te groeien, waaronder bijvoorbeeld melkzuurbacteriën, gisten, schimmels en sporenvormende bacteriën. Andere termen waarmee hetzelfde wordt bedoeld zijn het aeroob kiemgetal of het (totaal) koloniegetal.

Het kiemgetal wordt uitgedrukt als het aantal kolonievormende eenheden (kve) per gram of milliliter product. Dit heeft te maken met de manier waarop het kiemgetal wordt bepaald; daarbij worden niet direct de micro-organismen geteld maar het aantal kolonies.

2.3 Groei van micro-organismen

Onder ideale omstandigheden kunnen micro-organismen (zeer) snel groeien. Globaal genomen kennen bacteriën een delingstijd van circa 20 minuten. Dit is de tijd waarna een bacterie zich heeft vermenigvuldigd (zich heeft gedeeld) tot twee bacteriën. Gisten en schimmels groeien over het algemeen minder snel.

Figuur 2.2 laat een groeicurve zien. Deze is vastgesteld door een voedingsoplossing (met geschikte temperatuur) te enten met een bekend aantal bacteriën. Door vervolgens het aantal bacteriën in de loop van de tijd te bepalen, blijkt dat de groei een aantal fasen doormaakt. Dit zijn de lag-, log-, stationaire en leg-fasen.

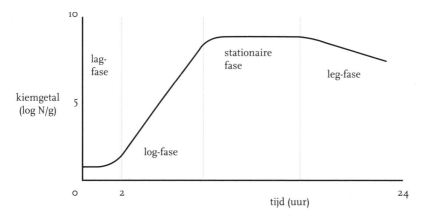

Figuur 2.2 Groeicurve van een bacterie (log N/g betekent het kiemgetal per gram uitgedrukt in log-eenheden, bron: Stichting Effi, januari 2005).

Lag-fase (aanpassingsfase)
Na het aanenten van de voedingsvloeistof met bacteriën treedt eerst de lag-fase op. Dit is een periode met een vertraagde celdeling waarbij de cellen zich eerst aanpassen aan de nieuwe omgeving. De duur van deze fase hangt af van het type organisme, de conditie van de cellen, het aantal cellen waarmee geënt wordt en de samenstelling van de voedingsoplossing. Des te meer de voedingsoplossing verschilt van die waarin het entmateriaal is gegroeid, des te langer de aanpassingsperiode duurt.

Log-fase (exponentiële fase)
Na de lag-fase begint de logarithmische (log) of exponentiële fase. In deze fase vindt groei (exponentieel) met een constante snelheid plaats. Hierbij is de helling van de lijn een maat voor de delingstijd (tijd nodig voor een verdubbeling van het aantal micro-organismen).

Stationaire fase
Door afname van de hoeveelheid voedingsstoffen of door vorming van groeiremmende stofwisselingsproducten gaat de log-fase over in de stationaire fase. Hierin neemt het aantal cellen niet meer toe. Deze situatie ontstaat als er geen celdeling meer optreedt of als er evenveel cellen afsterven als bijkomen.

Leg-fase (afstervingsfase)
Tot slot treedt de afstervingsfase in als gevolg van uitputting van voedingsstoffen of een te hoge concentratie aan giftige (toxische) stoffen. Het aantal cellen neemt af.

2.4 Factoren van invloed op groei

Zoals reeds in de inleiding van dit hoofdstuk aangegeven, is microbieel bederf het resultaat van eerst een besmetting gevolgd door groei van micro-organismen. Het is belangrijk om besmetting zo veel mogelijk te voorkomen. Is dat echter onvermijdelijk (en vaak is dat zo, met name in de primaire sector), dan is het belangrijk verdere groei te remmen of zo veel mogelijk te verhinderen. Daar zijn diverse mogelijkheden voor. Denk bijvoorbeeld aan het toevoegen van conserverende stoffen als suiker, zout, zuur of conserveermiddelen of het drogen van voedsel. Door de temperatuur te verlagen wordt de groei vertraagd (koelkast) of zelfs stopgezet (diepvries). Ook door het wijzigen van de gassamenstelling rondom voedsel kan groei verhinderd worden.

Naast de mogelijkheden de groei te vertragen of stop te zetten, kunnen in voedsel aanwezige micro-organismen ook worden gedood of verwijderd, waardoor microbieel bederf wordt verhinderd of uitgesteld. Voorbeelden van bekende technieken* waarmee het aantal micro-organismen wordt gereduceerd zijn verhittingsprocessen als koken, pasteuriseren of steriliseren. Andere technieken* zijn het doorstralen van voedsel*, Ultra Hoge Druk (UHD)* en Pulsed Electric Field (PEF)*.
Geheel of gedeeltelijk verwijderen van micro-organismen vindt plaats door processen als wassen (groente en fruit), filtreren (vruchtensappen) of bactofugeren* (melk).

---

* De uitleg van deze technieken staat vermeld in de bijlage op bladzijde 175.

Hierna wordt ingegaan op de factoren die van invloed zijn op de groei van micro-organismen.

2.4.1 Temperatuur

Groei van micro-organismen is mogelijk bij verschillende temperaturen variërend van laag (-25°C) tot hoog (90°C) maar geen enkele soort kan groeien over het gehele traject. Op grond van hun groeitemperaturen kunnen micro-organismen ingedeeld worden in vijf categorieën (zie tabel 2.2).

Tabel 2.2 Groeibereik van micro-organismen.

Temperatuur	Minimum	Optimum	Maximum
psychrofielen	-15°C	10°C	20°C
psychrotrofen	-5°C	25°C	35°C
mesofielen	10°C	35°C	45°C
thermotrofen	15°C	45°C	50°C
thermofielen	40°C	55°C	70°C

Bron: Dijk, R., et al. 2007.

Bij de minimum- en maximumtemperatuur vindt nog juist enige vermeerdering plaats, bij de optimumtemperatuur groeit het organisme het snelst. De groeisnelheid bij de optimumtemperatuur ligt voor de ene soort hoger dan voor een andere.

Bij temperaturen boven de maximum groeitemperatuur treedt afsterving op, bij temperaturen lager dan de minimum groeitemperatuur (bijvoorbeeld invriezen) blijven de cellen in leven maar stopt de groei.

Op grond van het bovenstaande wordt wel gesproken over voor voedsel veilige en gevaarlijke temperatuurtrajecten. Hierbij gelden temperaturen < 7°C en > 60°C als veilig en tussen 7°C en 60°C als onveilig. In het onveilige temperatuurtraject kunnen vele soorten micro-organismen zich (snel) ontwikkelen. Hierdoor kan bederf optreden, maar kunnen pathogenen zich ook ontwikkelen waarna ziekte mogelijk is.

Wordt voedsel voor de eerste keer verhit, dan is het gebruikelijk ervoor te zorgen dat een kerntemperatuur van minimaal 75°C wordt bereikt. Eventueel aanwezige pathogenen worden dan snel afgedood. Indien voedsel reeds verhit is geweest, vervolgens is afgekoeld en daarna nogmaals wordt verhit, volstaat een kerntemperatuur van minimaal 60°C.

Veel voedselinfecties en/of -vergiftigingen zijn het gevolg van onjuiste bewaring van levensmiddelen (bij temperaturen boven 7°C), onvoldoende verhitting (kerntemperatuur eerste verhitting < 75°C, bij tweede verhitting < 60°C), maar ook doordat verhitte producten niet snel genoeg worden teruggekoeld beneden 7°C. Hierdoor blijven ze te lang in het onveilige gebied. De Hygiënecode voor de voedingsverzorging in zorginstellingen en Defensie schrijft voor dat binnen een tijdsduur van vijf uur het product een temperatuur van maximaal 7°C in de kern moet hebben.

Sporenvormende bacteriën
Sporen van sporenvormende bacteriën hebben een betere resistentie tegen hoge temperaturen dan vegetatieve cellen. Ze zijn in staat verhittingsprocessen als pasteuriseren*, koken* en (commercieel) steriliseren* te overleven. Als na verhitting de omstandigheden gunstig zijn, kunnen de sporen ontkiemen en vervolgens uitgroeien in het voedsel. Sporen kunnen achterblijven in verhittingsapparatuur als warmtewisselaars of in dode hoeken van leidingen of aftapkranen bij onvoldoende reiniging en/of desinfectie. Deze sporen kunnen vervolgens ander voedsel besmetten.

---

* De uitleg van deze processen staat vermeld in de bijlage op bladzijde 175.

2.4.2 Wateractiviteit

Water speelt een zeer belangrijke rol bij het bederf van levensmiddelen. Zonder water is groei niet mogelijk. In levensmiddelen is water in twee vormen aanwezig: als vrij (ongebonden) water en als 'gebonden' water. Met het laatste wordt water bedoeld dat gebonden is aan bestanddelen van het levensmiddel (voornamelijk eiwitten, zetmelen, suikers en zouten). Gebonden water is niet beschikbaar voor groei van micro-organismen, vrij water wel.

Een maat voor de hoeveelheid vrij water in levensmiddelen is de wateractiviteit (a_w-waarde). Deze kent waarden tussen 0 en 1. Bij een wateractiviteit van 0 is absoluut geen water aanwezig, bij een wateractiviteit van 1 is sprake van zuiver water zonder opgeloste bestanddelen. Bij een wateractiviteit van precies 1 kan geen groei van micro-organismen plaatsvinden doordat op dat moment geen voedingsstoffen aanwezig zijn.
Uiteraard is er een verband tussen het vochtgehalte van een product en de wateractiviteit, maar deze parameters hoeven niet met elkaar overeen te komen. Zo is het mogelijk dat het vochtgehalte van twee producten verschillend is terwijl ze wel dezelfde a_w-waarde hebben.

De meeste verse levensmiddelen hebben een a_w-waarde boven 0,98. Bij deze waarden kan een groot aantal soorten micro-organismen groeien. Groei van bacteriën verloopt echter het snelst doordat zij een kortere vermenigvuldigingstijd kennen dan de gisten en schimmels. Zie tabel 2.3 voor de a_w-waarden van enkele levensmiddelen.

Tabel 2.3 A_w-waarden van enkele voedingsmiddelen.

A_w-waarden	Voedingsmiddel
> 0,98	verse groenten en fruit, (pluimvee)vlees, vis, melk
0,86 – 0,98	kaas, brood, verhit vlees
0,80 – 0,86	gefermenteerde worst, ranja, jam
0,60 – 0,80	gedroogd fruit, snoep, granen, bloem
< 0,60	droge of gedroogde levensmiddelen (kruiden, melkpoeder, biscuit)

Bronnen: FDA, april 2009, Montville, T.J., Matthews, K.R., 2008.

Ieder micro-organisme kent een minimale a_w-waarde voor groei. Bij deze waarde is de groei minimaal en is de lag-fase verlengd. Voor micro-organismen is de situatie optimaal, wanneer de a_w-waarde van de omgeving ongeveer gelijk is aan die van het celvocht van het organisme.

In het algemeen is de minimale a_w-waarde voor groei van Gramnegatieve bacteriën hoger (0,97) dan van Grampositieve soorten (0,90). De Grampositieve pathogeen *Staphylococcus aureus* is in staat nog te groeien bij een minimale a_w-waarde van 0,86 maar kan dan geen toxine meer vormen. Voor een bacterie is deze waarde erg laag. Alleen halofiele (zoutminnende) bacteriën kunnen bij nog lagere waarden groeien (0,75). De meeste in levensmiddelen voorkomende bacteriën kunnen niet groeien bij a_w-waarden lager dan 0,86.

Gisten en schimmels kunnen tot lagere a_w-waarden groeien dan bacteriën; hun optimale a_w-waarde kan echter wel hoger liggen. Sommige xerofiele (droogteminnende) schimmels bijvoorbeeld kunnen nog groeien bij een wateractiviteit van 0,61, terwijl hun optimale a_w-waarde 0,96 bedraagt. Bij een wateractiviteit lager dan 0,6 is sowieso geen groei van micro-organismen meer mogelijk. Zie tabel 2.4 voor een overzicht van de minimale a_w-waarden nodig voor groei van micro-organismen.

Tabel 2.4 Enkele minimale a_w-waarden voor groei van micro-organismen.

Minimale a_w-waarde	Groei micro-organismen
0,97	de meeste Gramnegatieve bacteriën
0,90	de meeste Grampositieve bacteriën
0,88	de meeste gisten
0,86	*Staphylococcus aureus* (Grampositief)
0,80	de meeste schimmels
0,75	halofiele bacteriën
0,61	xerofiele schimmels
<0,6	geen groei van micro-organismen mogelijk

Bron: Adams, M.R., Moss, M.O., 2008.

Verlaging van de a_w-waarde

Door de a_w-waarde van levensmiddelen te verlagen wordt groei van micro-organismen geremd of gestopt. Dit is van invloed op de bederfflora van voedsel. Door de a_w te verlagen tot waarden beneden 0,86, is groei van de meeste in voedsel voorkomende bacteriën niet meer mogelijk. Bederf van deze producten zal zodoende eerder optreden door gisten en/of schimmels, die bij deze waarden nog wel kunnen groeien.

Processen als drogen en diepvriezen verlagen de wateractiviteit. Dit wordt ook bereikt door het toevoegen van waterbindende stoffen als suiker en zout.

Drogen

Het drogen van voedsel vindt meestal plaats door de producten bloot te stellen aan hete lucht of aan warme of hete oppervlakken. Hierbij verdampt het water uit het product dat wordt afgevoerd. Door het onttrekken van het water vindt concentratie plaats van de opgeloste bestanddelen in het vrije water, waardoor de a_w-waarde daalt.

Diepvriezen van levensmiddelen

Door invriezen ontstaan ijskristallen uit water. Dit bevroren water is niet meer beschikbaar voor micro-organismen. De concentratie aan opgeloste stoffen in het vrije water neemt toe waardoor de a_w daalt.

Voor diepvriesproducten wordt om praktische redenen een bewaartemperatuur van -18°C aangehouden, de invriestemperatuur ligt meestal lager. Dit is een compromis tussen economische aspecten en de chemische en fysische stabiliteit.

Microbiologisch bederf is bij temperaturen lager dan circa -10°C van ondergeschikt belang; de grootste problemen ontstaan bij het ontdooien van het product. Door vorming van ijskristallen worden weefsel- en celstructuren beschadigd, waardoor veel voedingsrijk vocht (drip) uittreedt tijdens het ontdooien. Dit is een (zeer) goede voedingsbodem voor microbiële groei.

Toevoegen van waterbindende stoffen
Toevoegen van zout en suiker heeft een a_w-verlagend effect. Hoewel het toevoegen van zout een grotere a_w-daling bewerkstelligt dan het toevoegen van suiker, zijn er veel producten die door suiker worden geconserveerd (honing, jam). Door het toevoegen van deze stoffen wordt vrij water gebonden, waarna het niet meer beschikbaar is voor micro-organismen.

2.4.3 Zuurgraad

De zuurgraad, aangegeven met het symbool pH, kent waarden tussen 0 en 14. Een pH-waarde van 7 is neutraal. Lagere pH-waarden geven een zuur milieu aan, hogere pH-waarden een basisch (alkalisch) milieu. Levensmiddelen hebben pH-waarden variërend van 2 (citroen) tot 8 (ei-eiwit), zie tabel 2.5.

Micro-organismen hebben een bepaald pH-gebied waarbinnen groei mogelijk is. De pH-gebieden voor de verschillende micro-organismen zijn vrij ruim, zoals blijkt uit tabel 2.6. Micro-organismen hebben alle een bepaalde interne (meestal neutrale) pH-waarde (waarde in de cel) die ze moeten behouden. Alleen dan blijven alle processen van de cel goed verlopen. Echter doordat de celwand enigszins poreus is, is de omgeving waarin de cel zich bevindt van invloed op deze interne waarde. Zure of basische stoffen kunnen als het ware de cel in 'lekken'.

Wanneer een micro-organisme in een omgeving terechtkomt waarvan de pH min of meer overeenkomt met de interne pH, dan is dit gunstig voor het organisme en zal groei het sterkst zijn (optimum pH-waarde). Het kost het micro-organisme weinig energie om zijn interne pH-waarde te handhaven.

Verschilt de externe pH echter in grote mate met de interne waarde, dan kost het de cel veel energie om zijn eigen pH-waarde te handhaven. De cel zal in meer of mindere mate uitgeput raken, waardoor minder of geen energie beschikbaar is voor groei en/of de productie van toxinen. Bij deze minimale en maximale pH-waarden is nog net groei mogelijk (met een lange lag-fase en een lange delingstijd). Bij waarden beneden of boven deze grenzen is overleving mogelijk of sterven de cellen in de loop van de tijd af.

Tabel 2.5 Indicatie pH-waarden van enkele voedingsmiddelen.

pH-waarde	Voedingsmiddelen
< 4,5	fruit, fruitsap, tomaten, (koolzuurhoudende) frisdranken, azijn, ketchup, karnemelk, zuurkool
4,5 – 6,0	groenten, kaas(producten), brood
6,0 – 7,0	melk, boter, eidooier, paddenstoelen, vis(producten), vlees(producten), pluimveevlees(producten), garnalen
7,0 – 8,0	ei-eiwit, schelpdieren, krab

Bronnen: FDA, oktober 2008, Food-info.net, maart 2010.

Tabel 2.6 pH-gebieden voor enkele micro-organismen.

Micro-organisme	pH-gebied
azijnzuurbacteriën	4,0 – 9,0
Enterobacteriaceae	4,5 – 8,5
melkzuurbacteriën	2,8 – 7,2
schimmels	1,5 – 11,0
gisten	1,5 – 8,5

Bron: Stichting Effi, januari 2005.

De pH-waarden van levensmiddelen hebben een grote invloed op de samenstelling van de specifieke bederfflora. In het algemeen zijn gisten en schimmels beter in staat te groeien in een wat zuurder milieu dan bacteriën (uitgezonderd melkzuurbacteriën). Vruchten bederven zodoende meestal door de groei van gisten en schimmels. Groenten hebben vaak een wat hogere pH en worden eerder door bacteriën aangetast.

Door de pH-waarde van levensmiddelen te veranderen, wordt het type bederf beïnvloed. Zo worden regelmatig voedingszuren aan levensmiddelen toegevoegd om de pH te verlagen tot 4,5 of nog lager (bijvoorbeeld citroenzuur (E 330) aan salades). Zoals tabel 2.6 laat zien wordt daarmee de groei van de entero's (bacteriën horend tot de familie van de *Enterobacteriaceae*) geremd. De pathogene bacterie *Salmonella* valt daaronder en wordt zodoende geremd in de groei, wat de voedselveiligheid ten goede komt.

Over het algemeen geldt dat groei van de meeste bacteriële pathogenen niet mogelijk is bij pH-waarden beneden 4,5. De bederfflora van deze zure producten zal vaak bestaan uit melkzuurbacteriën, gisten en/of schimmels. Door welke soort precies is mede afhankelijk van de andere groeibepalende factoren (a_w-waarde, temperatuur).

Zuurresistentie

Levensmiddelen met een lage pH vormen in het algemeen een gering risico voor voedselinfecties, aangezien ze een remmend en soms dodend effect hebben op veel bacteriën. Recent zijn er echter uitbraken geweest met *Salmonella* (zie 3.3.10) en *E. coli* O157 (zie 3.3.7) na consumptie van respectievelijk ongepasteuriseerde sinaasappelsap en appelsap. Hieruit blijkt dat sommige pathogene micro-organismen in staat zijn in zure levensmiddelen te overleven en ziekte kunnen veroorzaken.

Juist voor deze zuurtolerante micro-organismen blijkt het aantal cellen dat nodig is om ziekte te veroorzaken erg laag te zijn; een laag besmettingsniveau (circa 100 cellen) in zo'n product kan al risicovol zijn.

2.4.4 Gassamenstelling

De gassamenstelling rondom een product is van invloed op de groei van micro-organismen. Een belangrijke factor daarbij is de aanwezigheid van zuurstof. In lucht bevindt zich circa 21% zuurstof.

Micro-organismen kunnen strikt aeroob (zuurstof nodig voor groei), micro-aerofiel (groei optimaal bij verlaagde zuurstofspanning), facultatief anaeroob (groei zowel bij aan- als afwezigheid van zuurstof) en anaeroob (zuurstof is giftig) zijn. Zie voor meer informatie ook 1.3 Bacteriën.

Hierna worden deze groepen verder toegelicht, tabel 2.7 laat een overzicht zien.

Aeroben

Verschillende soorten micro-organismen zijn strikt aeroob; zij kunnen alleen groeien indien zuurstof aanwezig is. Bij afwezigheid van zuurstof stopt de groei, maar overleving is wel mogelijk. Voorbeelden van aerobe micro-organismen in voedsel zijn schimmels, azijnzuurbacteriën en alle *Pseudomonas*-soorten. Veel *Bacillus*-soorten zijn ook aeroob (zie ook 3.3.1 *Bacillus cereus*). Met name *Pseudomonas* en schimmels zijn vaak verantwoordelijk voor bederf van (gekoelde) levensmiddelen.

Micro-aerofielen

Tot de micro-aerofielen behoren de campylobacters en de melkzuurbacteriën. Zij groeien het beste indien er een paar procent zuurstof aanwezig is (bijvoorbeeld 2-6%). *Campylobacter* is een voedselpathogeen die regelmatig uit rauwe voedingsmiddelen van dierlijke oorsprong is geïsoleerd (zie 3.3.2). Uitgroei van deze bacterie op levensmiddelen is niet waarschijnlijk mede vanwege zijn specifieke zuurstofbehoefte.

Alhoewel in het algemeen geldt dat melkzuurbacteriën het snelst kunnen groeien met een paar procent zuurstof, zijn vele soorten ervan ook in staat zowel aeroob als anaeroob te groeien. Melkzuurbacteriën worden (bewust) gebruikt voor de productie van gefermenteerde producten als karnemelk, yoghurt en kaas. Daarnaast zijn ze regelmatig verantwoordelijk voor bederf van (onder andere) gesneden en verpakte groenten en fruit en producten verpakt met een andere gassamenstelling dan lucht (zie hierna: Verpakken met een andere gassamenstelling).

Facultatief anaeroben

De facultatief anaeroben ontwikkelen zich zowel met als zonder zuurstof. Hiertoe behoren met name de gisten, alle entero's (waaronder de pathogeen *Salmonella*) en voedselpathogenen als *Staphylococcus aureus* en *Listeria monocytogenes*. Op basis van de zuurstofbehoefte zijn deze micro-organismen niet te remmen in hun groei. Van enkele *Bacillus*-soorten is bekend dat ze facultatief anaeroob zijn, maar meestal worden ze tot de aeroben gerekend.

Anaeroben

Voor de anaeroben is zuurstof giftig. Bij blootstelling aan zuurstof sterven dit soort micro-organismen af. Bacteriën horend tot het geslacht *Clostridium* zijn alle anaeroob (zie ook 3.3.3 *Clostridium botulinum* en 3.3.4 *Clostridium perfringens*). Daarnaast zijn het sporenvormers. Alhoewel de vegetatieve cellen niet tegen zuurstof kunnen, zijn sporen van deze bacteriën hier ongevoelig voor.

Bederf van volconserven, die na verhitting (nagenoeg) anaeroob zijn, wordt vaak veroorzaakt door deze sporenvormende clostridia. De sporen kunnen het verhittingsproces overleven, waarna ze in de anaerobe omgeving kunnen ontkiemen en uitgroeien (als geen andere beperkende factoren aanwezig zijn). De anaeroben *Clostridium botulinum* en *Clostridium perfringens* zijn bekende voedselpathogenen.

Tabel 2.7 Indeling enkele (soorten) micro-organismen aan de hand van hun zuurstofbehoefte.

Zuurstofbehoefte	Soorten micro-organismen
aeroob	schimmels, vele *Bacillus*-soorten, *Pseudomonas*, azijnzuurbacteriën
micro-aerofiel	*Campylobacter*
facultatief anaeroob	entero's, *Listeria*, *Staphylococcus*
anaeroob	*Clostridia*

Verpakken met een andere gassamenstelling

De gassamenstelling rondom een product is van invloed op de microflora. Door deze te wijzigen is groei van sommige soorten (bijvoorbeeld aeroben) niet meer mogelijk, terwijl groei van andere soorten juist wordt begunstigd.

De levensmiddelenindustrie maakt gebruik van dit gegeven en probeert bederf van voedsel uit te stellen door de gassamenstelling te veranderen. Bijvoorbeeld gekoeld rauw vlees heeft als bederfassociatie psychrotrofe, aerobe, Gramnegatieve staafjes *(Pseudomonas, Acinetobacter, Moraxella)*. Deze bacteriën breken eiwitten en aminozuren af waarbij onder andere zwavelhoudende verbindingen en ammoniak ontstaan, die sterk ruiken en snel waarneembaar zijn.

Door lucht (zuurstof) te verwijderen treedt een verschuiving op naar (facultatief) anaerobe bederfverwekkers: melkzuurbacteriën, *Brochothrix thermosphacta, Carnobacterium*. Deze bederfassociatie geeft een 'mild' type bederf dat minder snel waarneembaar is: uit suikers wordt melkzuur gevormd waardoor een milde verzuring ontstaat.

Er zijn drie manieren om de gassamenstelling rondom voedsel te veranderen:
– vacumeren: onttrekken van lucht rondom het product;
– Modified Atmosphere Packaging (MAP): lucht in de verpakking vervangen door een gas of een combinatie van gassen;
– Controlled Atmosphere (CA): producten bewaren in een opslagruimte waarbij de gassamenstelling constant blijft.

Modified Atmosphere Packaging en Controlled Atmosphere worden hierna toegelicht.

Controlled Atmosphere wordt toegepast voor de opslag van rauwe groenten en fruit. Deze producten hebben, in tegenstelling tot ander voedsel, levend weefsel met een eigen metabolische activiteit. Tijdens opslag vindt celademhaling (opname van zuurstof, productie van kooldioxide) en rijping plaats. Door in de opslagruimte de rijpstoffen continu weg te filteren en de gassamenstelling constant te houden, wordt de rijping stilgezet, de celademhaling vertraagd en is langdurige opslag mogelijk.

De gassamenstelling in dit soort ruimten bestaat uit een verlaagd zuurstofgehalte (circa 2%) en een verhoogd kooldioxidegehalte (circa 10%). Het kooldioxide heeft tevens een remmende werking op de groei van schimmels, die vaak verantwoordelijk zijn voor bederf van fruit.

Bij Modified Atmosphere Packaging (ook wel gasverpakken genoemd) vervangt men de lucht in de verpakking door een bepaald gas of een gasmengsel. In Nederland is alleen het gebruik van kooldioxide (CO_2), stikstof (N_2) en zuurstof (O_2) toegestaan. Zowel de aanwezigheid als de concentratie van diverse gassen rond het te bewaren product is van invloed op de ontwikkeling van micro-organismen.

Een verhoogde concentratie kooldioxide heeft groeiremmende eigenschappen. Gramnegatieve psychrofiele bacteriën (*Pseudomonas*, *Acinetobacter* en *Moraxella*) en de meeste schimmels zijn hiervoor gevoelig. Bij vochtrijke producten kan kooldioxide in het water oplossen waardoor, in beperkte mate, verzuring aan het oppervlak optreedt. Ook dat is van invloed op de groei van micro-organismen.

Stikstof heeft geen eigen specifieke werking op micro-organismen, het dient uitsluitend om zuurstof te vervangen en de atmosfeer meer anaeroob te maken. Het wordt alleen of in combinatie met kooldioxide toegepast.

Normaal gesproken streeft men ernaar de zuurstofconcentratie zo ver mogelijk terug te dringen (<1%), zodat groei van bederfverwekkende aeroben niet meer mogelijk is. Echter, rauw rood vlees verkleurt paars bij afwezigheid van zuurstof. Om deze verkleuring tegen te gaan wordt het soms met een hoge concentratie zuurstof (circa 70%) verpakt. De houdbaarheid wordt op deze manier in beperkte mate verlengd.

Gasverpakte en aan de consument verkochte levensmiddelen moeten de volgende tekst melden op het etiket: 'Verpakt onder beschermende atmosfeer' (volgens Warenwetbesluit Etikettering van Levensmiddelen).

2.4.5 Conserveermiddelen

Conserveermiddelen zijn stoffen die de houdbaarheid van voedingsmiddelen verlengen door ze te beschermen tegen bederf door micro-organismen en/of tegen de groei van pathogene micro-organismen. Ze beïnvloeden de microflora van het product. De werking van de remmende bestanddelen is daarbij wel afhankelijk van de toegepaste concentratie.

De overheid staat uitsluitend concentraties conserveermiddel toe die bij een juiste hygiënische behandeling van het product nog net remming geven van de erin of erop aanwezige micro- organismen. Het is niet de bedoeling dat een vanuit hygiënisch oogpunt slechte bereiding of bewaring door toevoeging van conserveermiddelen wordt gecompenseerd.

Conserveermiddelen vallen onder de additieven. In het algemeen worden additieven aan voedingsmiddelen toegevoegd om de eigenschappen van een product te verbeteren (zoals houdbaarheid, structuur of smaak). Ze moeten veilig zijn, om technologische redenen noodzakelijk, ze mogen de consument niet misleiden en ze moeten een voordeel hebben voor de consument (Verordening (EG) 1333/2008). Goedgekeurde en toegestane additieven hebben een E-nummer. Bij het toevoegen van een additief aan een levensmiddel moet deze in de ingrediëntenlijst op het etiket worden vermeld met de naam van het additief en/of met het E-nummer.

Voorbeelden van conserveermiddelen zijn: nitriet, nitraat, benzoëzuur, verschillende soorten benzoaten, sorbinezuur, nisine en natamycine. De toegestane conserveermiddelen hebben de E-nummers E200 tot E252.
Soms worden voedingszuren aan voedsel toegevoegd. Dankzij de pH-verlagende werking dragen ze bij aan het conserverend effect. Deze voedingszuren vallen ook onder de additieven en kennen de E-nummers E260 – E297 en E322 – E285.

2.4.6 Overige factoren

De hiervoor genoemde factoren zijn niet de enige die bepalend zijn voor het al dan niet groeien van micro-organismen, maar het zijn wel de belangrijkste. Andere factoren met een beperkte invloed zijn de redox-potentiaal, de aanwezigheid van groeiremmende stoffen en de invloed die micro-organismen op elkaar kunnen hebben (impliciete factoren).

Redox-potentiaal

De redox-potentiaal (E_h) is een maat voor de beschikbaarheid van zuurstof. Micro-organismen hebben stoffen (energiebronnen) nodig als brandstof om energie te winnen voor de processen die in de cel plaatsvinden. Hierbij worden elektronen overgedragen van energierijke elektrondonoren die worden geoxideerd naar elektronacceptoren die worden gereduceerd.
Aerobe bacteriën gebruiken moleculair zuurstof als elektronacceptor, facultatief anaeroben kunnen zowel zuurstof als andere verbindingen gebruiken als elektronacceptor en anaeroben kunnen alleen andere stoffen gebruiken als elektronacceptor.

De redox-potentiaal wordt uitgedrukt in milliVolts (mV) en kan in voedsel gemeten worden. Deze kan variëren tussen -500 mV en +500 mV. Een hoge E_h (veel moleculair zuurstof aanwezig) bevordert de groei van aerobe micro-organismen, een lage E_h (weinig of geen moleculair zuurstof aanwezig) begunstigt de groei van anaerobe soorten.

Groeiremmende stoffen

Van nature kan voedsel groeiremmende stoffen bevatten. Eieren en melk bevatten bijvoorbeeld de stof lysozym, dat remmend werkt op de groei van bacteriën. In melk is het in kleine hoeveelheden aanwezig, in het eiwit van eieren in ruimere hoeveelheid.

Dieren die omwille van het vlees worden gefokt of vanwege de melk worden gehouden, worden bij ziekte of ter preventie van ziekte, soms behandeld met antibiotica of chemotherapeutica. Deze bestrijden ziekten veroorzaakt door bacteriën. Door onjuist handelen is het mogelijk dat deze stoffen nog aanwezig zijn in vlees of in melk.

Ook van kruiden is bekend dat ze groeiremmende componenten bevatten. Voorbeelden hiervan zijn kaneel, tijm, oregano en kruidnagel. Ook knoflook en ui bezitten groeiremmende eigenschappen. Het nadeel van het gebruik van deze stoffen is dat ze de smaak van producten aanzienlijk veranderen.

Invloed van micro-organismen op elkaar

Micro-organismen kunnen elkaar beïnvloeden. Zo kan het ene soort micro-organisme een andere soort remmen in de groei (antagonisme) of kunnen ze elkaar juist bevoordelen (synergisme).

Antagonisme treedt op als de ene soort sneller kan groeien dan de ander door een snellere benutting van voedingsstoffen. Tevens kunnen dan groeiremmende stoffen gevormd worden, waardoor groei van de andere soort wordt tegengegaan.
Dit is bijvoorbeeld het geval bij de bereiding van kaas. Tijdens de kaasbereiding worden bewust melkzuurbacteriën toegevoegd aan de melk. Deze groep bacteriën gaat snel groeien, waardoor het aanwezige melksuiker (lactose) wordt omgezet in melkzuur. Zodoende kan lactose niet meer door andere bacteriën als voedingsstof worden gebruikt. Daarnaast daalt de pH door het gevormde melkzuur, wat ook leidt tot groeiremming van andere soorten.

Bij synergisme helpen de micro-organismen elkaar. Zo kan de ene soort voedingsstoffen vormen die noodzakelijk zijn voor de groei van andere soorten.

Of de ene soort zorgt voor afbraak van groeiremmende componenten waardoor een andere soort kan groeien.

Een voorbeeld van het eerste (beschikbaar maken voedingsstoffen) is een product als jam. Door de lage wateractiviteit is groei van bacteriën niet te verwachten (te weinig vrij water aanwezig), gisten en schimmels kunnen op termijn echter wel gaan groeien. Als dat gebeurt, komt daarbij vocht vrij waardoor de wateractiviteit zal toenemen. Bij voldoende toename van de wateractiviteit is vervolgens ook groei van bacteriën mogelijk.

2.5 Informatie op internet

Video's

Aerosolen in toiletruimtes (Toilet germs, Engelstalig, You Tube):
http://www.youtube.com/watch?v=v6nGgS6ADoI&feature=related

Kennis

Fooddata (www.fooddata.nl), Microbiologie, Algemene achtergronden:
http://www.fooddata.nl/Fooddata/content/category1.asp?catid=48

Food info (www.food-info.net), Voedselveiligheid, Bacteriën:
www.food-info.net/nl/bact/intro.htm

Stichting Werkgroep Infectie Preventie:
www.wip.nl.

2.6 Leervragen

1. Welke twee groepen micro-organismen kunnen op handen aanwezig zijn en welk effect heeft handenwassen?
2. Soms worden wegwerphandschoenen gebruikt tijdens de bereiding van maaltijden. Noem argumenten voor en tegen het gebruik van handschoenen.
3. Je werkt als hygiëne-adviseur bij de GGD en brengt een bezoek aan een instellingskeuken. Daar controleer je de keuken op hygiënische werkwijzen en het werken volgens het hygiëneplan. Ter controle neem je enkele monsters van maaltijden (voor microbiologisch onderzoek), die op het punt staan te worden uitgeserveerd.
De monsters worden onderzocht op het totaal aeroob kiemgetal en het aantal *Enterobacteriaceae*.

Het totaal aeroob kiemgetal zegt iets over de algemene kwaliteit van het monster; wat geeft het aantal entero's aan?

4. *Salmonella* is een pathogene bacterie die regelmatig op pluimveevlees aanwezig is. Tegen hitte (> 60°C) is deze bacterie niet goed bestand en wordt afgedood. Een cateraar serveert een lekkere kipsalade* op een afstudeerfeest van een groep studenten. Het feest was goed, mede dankzij het lekkere warme weer. Helaas zijn de volgende ochtend vele feestgangers ziek. Uit verder onderzoek blijkt dat de kipsalade de boosdoener is geweest. Deze was – in hoge mate – besmet met *Salmonella*.
Geef aan op welke manieren de *Salmonella*-bacterie in de kipsalade terecht is gekomen.

* Ingrediënten kipsalade: 400 gr gekookte kippenvlees, 1 tablet kippenbouillon, 2 appels, citroensap, 1 blikje mandarijntjes, 1 bosje selderij, 1 dl zure room, 1 dl huisgemaakte mayonaise, 1 theelepel mosterd, zout en peper, snufje kerriepoeder, 100 gr gepelde walnoten.

5. Welke groep micro-organismen kan goed groeien bij 30 tot 37°C en welke groep kan in de koelkast groeien?
6. Wat wordt verstaan onder de wateractiviteit van een product en welke grenzen heeft deze parameter?
7. Als aankomend diëtist loop je stage bij de thuiszorg. Af en toe mag je zelfstandig een consult verrichten. Als cliënt krijg je vandaag een bejaarde dame met suikerziekte (diabetes mellitus). Terloops vertelt ze dat ze nogal eens last heeft van diarree en buikpijn. Uit eerdere onderzoeken is gebleken dat ze geen afwijkingen aan de darmen heeft. Ze wil toch wel graag weten waarom ze regelmatig diarree en buikpijn heeft en wat ze kan doen om dit zo veel mogelijk te voorkomen.
Bij het navragen van het voedingspatroon blijkt dat ze iedere dag rond 12.00 uur haar warme maaltijd krijgt van Tafeltje Dekje (temperatuur > 60°C). Omdat ze liever haar maaltijd rond de klok van 18.00 uur eet, bewaart ze deze op het aanrecht. De deksel van de doos zet ze er schuin op zodat het eten sneller kan afkoelen en er geen condens aan de binnenkant van de doos komt. Voor het eten warmt ze de maaltijd even op in de magnetron, niet te heet, want dan kan ze deze zo opeten. Soms is de maaltijd haar te veel en warmt ze niet alles op. Het restje bewaart ze in de koelkast voor de volgende dag.
Je hebt ooit de cursus Voedselveiligheid gehad en ziet direct dat zij niet op een goede manier met het voedsel omgaat. Mogelijk worden haar buikklachten veroorzaakt door een voedselinfectie. Geef aan hoe de mevrouw met haar voedsel moet omgaan.

8. De dame van vraag 7 heeft een zelfgemaakt potje met jam meegenomen. Haar zicht is niet meer zo goed, maar ze dacht iets 'raars' te zien op de jam. Je bekijkt het potje en maakt het open. De deksel 'plopt' open en een typische lucht komt je tegemoet. Er blijken inderdaad wat plekken op de jam te zitten, sommige zien er wat pluizig uit. Hier zijn duidelijk micro-organismen gaan groeien. Geef aan welk(e) soort(en) micro-organisme(n) dit waarschijnlijk is/zijn, hoe ze in de jam terecht zijn gekomen en waarom groei mogelijk was.
9. Op welke wijze wordt de groei van micro-organismen beïnvloed als:
    a. de wateractiviteit van een product wordt verlaagd;
    b. zuur wordt toegevoegd;
    c. de temperatuur wordt verhoogd boven de maximale groeitemperatuur van een micro-organisme;
    d. de temperatuur wordt verlaagd beneden de minimale groeitemperatuur?
10. In toenemende mate besteden instellingen als ziekenhuizen of verzorgingshuizen de bereiding van maaltijden uit. Deze betrekt men van bedrijven die koken voor meerdere instellingen. Normaal gesproken is de houdbaarheid van dit soort maaltijden twee (bij bewaren < 7°C) of maximaal drie dagen (< 4°C). Om flexibeler te zijn wil men de houdbaarheid eigenlijk verlengen. Dit is toegestaan indien het wordt verpakt in 'een beschermde atmosfeer'. Hiermee kan zelfs een houdbaarheid van zeven dagen worden verkregen.

    Geef aan wat het verpakken onder een beschermde atmosfeer inhoudt en waarom het een houdbaarheidsverlenging tot gevolg heeft.
11. Wat betekent het kiemgetal of het koloniegetal?

Geraadpleegde bronnen

Adams, R.M., Moss, M.O., *Food Microbiology*, third edition, RSC Publishing, Cambridge (2008) p. 20-62.

Bergey's *Manual of Systematic Bacteriology Vol. 1 & 2*, Williams & Wilkins, Baltimore (1989).

Blakistone, B.A., *Principles and applications of modified atmosphere packaging of food*, second edition, Springer (1999) 293 p.

Blaschek, H.P., Wang, H.H., Agle, M.E., *Biofilms in the Food Environment*, Blackwell Publishing, Iowa (2007) p. 3-17.

Dijk, R., et al., *Microbiologie van voedingsmiddelen, Methoden, principes en criteria*, Noordervliet Media BV, Houten (2007) p. 372, 386, 416.

Europese Commissie, 'Verordening (EG) Nr. 1333/2008 van het Europees Parlement en de Raad van 16 december 2008 inzake levensmiddelenadditieven', *Publicatieblad van de Europese Unie*, 31.12.2008, L354/16-33.

FDA, Food and Drug Administration, Center for Food Safety & Applied Nutrition, 'Approximate pH of Foods and food products', vm.cfsan.fda.gov (oktober 2008).

FDA, Food and Drug Administration, Center for Food Safety & Applied Nutrition, 'Water Activity (aw) in foods', vm.cfsan.fda.gov (april 2009).

Food-info.net, 'Wat is de pH van voedingsmiddelen', www.food-info.net (maart 2010).

Jay, J.M., Loessner, M.J., Golden, D.A., *Modern food microbiology*, seventh edition, Springer Verlag, New York (2005) p. 790.

Montville, T.J., Matthews, K.R., *Food microbiology, An introduction*, second edition, ASM Press, Washington (2008) p. 11-56, p. 243-320.

Overheid.nl, Warenwetbesluit Etikettering van Levensmiddelen, wetten.overheid.nl (2009).

Ridderbos, drs. G.J.A., *Levensmiddelenhygiëne*, achtste herziene druk, Elsevier Gezondheidszorg, Maarssen (2006) p. 48-83, 112-115.

Stichting Effi, *Dictaat Levensmiddelenmicrobiologie & -hygiëne*, Wageningen (januari 2005) h7 p. 1-4, h8 p. 1-7, h9 p. 1-5, h12 p. 4-6.

Voedingscentrum, *Hygiënecode voor de voedingsverzorging in zorginstellingen en Defensie* (oktober 2008).

3 Voedselveiligheid

3.1 Inleiding

In voedsel komen veel verschillende soorten micro-organismen voor waarvan het grootste deel niet ziekteverwekkend is. Wanneer voedsel te lang en/of bij te hoge temperaturen wordt bewaard, kan groei van micro-organismen optreden. Vaak leidt dit tot bederf dat waarneembaar is als het ontstaan van afwijkende geur, smaak en uiterlijk van voedingsmiddelen (zie ook 2. Bederf van voedsel). Groei van micro-organismen leidt soms tot het optreden van een voedselinfectie of een voedselvergiftiging.
Voor de voedingsindustrie en daar waar met voedingsmiddelen wordt gewerkt, is het voorkomen van besmetting en/of de vermeerdering van micro-organismen zeer belangrijk, zowel ter voorkoming van bederf als ter bescherming van de volksgezondheid.

Geschat wordt dat in Nederland jaarlijks circa 300.000 tot 750.000 mensen ziek worden door voedsel en circa 20-200 mensen overlijden (met name ouderen). Deze cijfers hebben alleen betrekking op de gevallen waarbij een ziekteverwekker kon worden vastgesteld. Aangezien het bij voedselgerelateerde ziektes vaak lastig is de oorzaak (ziekteverwekker) te achterhalen, zijn de hier genoemde getallen een onderschatting van het werkelijke aantal. Vermoed wordt dat jaarlijks ongeveer 2 miljoen mensen een voedselinfectie en/of -vergiftiging oplopen.

Diverse soorten micro-organismen zijn pathogeen (ziekteverwekkend) voor mensen. Denk bijvoorbeeld aan de *Salmonella*-bacterie (vaak in verband gebracht met kippenvlees en eieren), de protozo *Toxoplasma gondii* (gevaarlijk tijdens zwangerschap) en het Norovirus waarvan de inname van enkele tientallen deeltjes reeds voldoende is om ziek van te worden.

De eventuele aanwezigheid van pathogenen in voedsel hangt af van de beheersing van de veiligheid in de gehele keten (de primaire productie tot en met de bereiding in de keuken: 'from farm to fork'). Pathogenen kunnen vooral voorkomen in voedingsmiddelen die zonder een verhittingsstap in de keuken terechtkomen, met name in voedingsmiddelen van dierlijke oorsprong (vvdo). De belangrijkste besmetting vindt plaats tijdens de primaire productie, maar nabesmetting en groei tijdens verwerking en bereiding zijn ook van belang. De via voedsel overdraagbare ziekteverwekkers kunnen ook langs andere wegen de mens bereiken, bijvoorbeeld door contact met andere mensen of dieren.
In het algemeen zijn voedingsmiddelen die bij de bereiding een verhittingsstap ondergaan, minder riskant dan rauw te consumeren levensmiddelen.

Uit onderzoek naar de oorzaak van voedselinfecties en/of -vergiftigingen blijkt dat de pathogene bacteriën *Salmonella*, *Campylobacter* en *Bacillus cereus* regelmatig worden aangetroffen als boosdoener. Echter, de laatste jaren wordt het steeds duidelijker dat met name het Norovirus belangrijker is als veroorzaker van voedselinfecties dan voorheen werd aangenomen.

3.2 Voedselinfectie en/of -vergiftiging

Ziekte veroorzaakt door voedsel kan het gevolg zijn van een infectie (voedselinfectie) of een vergiftiging (voedselvergiftiging).

Bij een bacteriële voedselinfectie bevindt de pathogeen zich in het voedsel, meestal in grote aantallen. Na passage van de maag komt de bacterie vervolgens in de darm terecht. Daar is hechting aan de darm en vermeerdering mogelijk (kolonisatie). Afhankelijk van het soort pathogeen treden daarbij diverse ziekteverschijnselen op. Vaak reageert het lichaam op de aanwezigheid van toxische stoffen in de celwand van deze bacteriën (endotoxine, zie ook onder 1.3 Bacteriën, Pathogeniteit). Na enige tijd verdwijnt de bacterie uit het lichaam.

Naast een besmetting met bacteriën kunnen ook virussen en parasieten de mens via het voedsel infecteren. Bij een virale voedselbesmetting bevinden virusdeeltjes zich in het voedsel. Na inname vindt vermeerdering plaats in de levende cellen van de mens. De virusdeeltjes verdwijnen in de loop van de tijd uit het lichaam.

Bij parasieten is het mogelijk dat stadia van hun levenscyclus (bijvoorbeeld larfjes) zich, door de darmwand heen, in het lichaam verplaatsen waarna men levenslang drager blijft.

Bij een voedselvergiftiging is er sprake van inname van een gifstof (toxine) die zich in voedsel bevindt. Een toxine kan chemisch van aard zijn (zie 6. Chemische voedselveiligheid) maar ook microbiologisch. In het laatste geval hebben bacteriële pathogenen zich in voedsel kunnen vermeerderen en is daarbij toxine geproduceerd dat vrijkomt (exotoxine, zie ook 1.3 Bacteriën, onder Pathogeniteit). Door de inname van het toxine wordt men vervolgens (snel) ziek; de bacterie zelf hoeft niet eens meer aanwezig te zijn.
Een exotoxine kan op diverse biologische functies van het lichaam inwerken. De bacterie *Clostridium botulinum* bijvoorbeeld kan een neurotoxine vormen. Dit betekent dat het na inname vooral van invloed is op de neurologische functies. *Bacillus cereus* kan meerdere soorten toxines produceren. Een daarvan is het emetotoxine, dat vooral van invloed is op het braken. *Staphylococcus aureus* daarentegen vormt een enterotoxine. Dit toxine werkt met name in op de darmen, waardoor diarree een van de ziekteverschijnselen is.

Soms is er sprake van een combinatie tussen een infectie en een vergiftiging, ook wel een toxico-infectie genoemd. Hierbij krijgt men in eerste instantie levende bacteriën binnen via voedsel, waarna de pathogeen in de darmen een exotoxine produceert met ziekte tot gevolg. Voorbeelden van bacteriën die op deze manier ziekte veroorzaken, zijn *Bacillus cereus* (milde type waarbij enterotoxine wordt gevormd in tegenstelling tot het hiervoor genoemde emetotoxine) en *Clostridium perfringens*.

Een voedselinfectie en/of -vergiftiging ontstaat pas na inname van een bepaalde minimale hoeveelheid micro-organisme of toxine. In het geval van micro-organismen wordt dit de Minimale Infectieuze Dosis (MID) genoemd en bij een toxine de Minimale Toxische Dosis (MTD). Zowel de MID als de MTD hangen af van de weerstand van de mens; bepaalde risicogroepen lopen een grotere kans om ziek te worden. Tot de risicogroepen behoren: oudere mensen, jonge kinderen, zwangeren en mensen met een verminderde afweer.
Er zijn meer verschillen tussen een voedselinfectie en een voedselvergiftiging. Zo wordt men na inname van een toxine over het algemeen snel ziek (soms al na een half uur, maar meestal binnen 6 uur), terwijl dit wat langer duurt bij een infectie (vaak na 6-8 uur tot enkele dagen). Dit wordt de incubatieperiode

of -tijd genoemd. Daarnaast beperkt de ziekteduur van een vergiftiging zich meestal tot een of hooguit twee dagen en is men van een infectie vaak langere tijd ziek (twee tot drie dagen, soms een week of nog langer).

3.3 Levensmiddelenpathogenen

Microbiologische besmetting van voedsel met pathogenen is en blijft een actueel onderwerp, zeker als daarbij belangrijke personen zijn betrokken, als grote groepen mensen ziek worden of als mensen overlijden. Zo was er in 2001 veel aandacht voor de *Salmonella*-explosie in een centrum van de Zwolse Isala-klinieken (zie artikel 3.1), terwijl in januari van hetzelfde jaar een Haagse nieuwjaarsreceptie de verspreidingsplaats bleek van een voedselinfectie door Norovirussen (NoV). Ook in 2005 werd het nieuws gehaald toen tientallen kinderen ziek werden nadat ze tijdens een excursie naar een boerderij rauwe melk hadden gedronken die besmet was met *Campylobacter*-bacteriën.

In 2003 werd de topsporter Pieter van den Hoogeband (zwemmer) ziek door een voedselinfectie en/of -vergiftiging, met als gevolg het mislopen van de wereldkampioenschappen zwemmen in 2003. In 2009 werden acht schaatsers van de schaatsploeg voor de wereldbekerwedstrijden in Salt Lake City (zie artikel 3.2) geveld door een (voedsel)infectie. Enkele schaatsers konden hierdoor niet deelnemen aan de wedstrijden. Later bleek dat het Norovirus de infectie had veroorzaakt.

Artikel 3.1 *Salmonella*-explosie in Isala-klinieken.

Salmonella eist drie doden in Zwolle
Van onze correspondent

ZWOLLE – In het verpleegcentrum van de Isala Klinieken in Zwolle zijn drie mensen overleden na een besmetting met de salmonellabacterie. Dat hebben de Isala Klinieken gisteravond bekendgemaakt.
Twee bejaarde mensen overleden donderdag, de derde gisteren. De bacterie heerst zowel in het verpleeg- en reactiveringscentrum als op de ziekenhuislocatie Weezenlanden van de Isala Klinieken. Zo'n veertig bewoners van het verpleegcentrum hebben diarree, sommigen met koorts. In het ziekenhuis zijn 32 patiënten en verschillende medewerkers met het ziektebeeld. Niemand is in levensgevaar. De bron van de bacterie wordt gezocht in de centrale keuken van de locatie Weezenlanden van de Isala Klinieken. Daar maakt ook het verpleegcentrum gebruik van.

De drie overleden bewoners van het verpleegcentrum waren 82, 84 en 90 jaar oud. Ze overleden aan de gevolgen van ernstige diarree en koorts. Aanvankelijk werd gedacht aan een virale infectie, maar gistermiddag kwam vast te staan dat van een salmonellabesmetting sprake is. De patiënten worden behandeld met antibiotica en ze worden zeer intensief gecontroleerd.

Het gaat om de zware variant salmonella enteritidis. Volgens microbioloog G. Ruijs van de Isala Klinieken zijn gerechten met kip of eieren doorgaans verspreider van de bacterie. De centrale keuken van De Weezenlanden wordt door de Keuringsdienst van Waren, de GGD en de Inspectie voor de Gezondheidszorg onderzocht.

Bron: Reformatorisch dagblad, 13 oktober 2001. Opmerking: uiteindelijk zijn 5 bewoners overleden.

Artikel 3.2 Infectie schaatsers bij wereldbekerwedstrijden in Salt Lake City.

Veel Nederlandse schaatsers in Salt Lake ziek

SALT LAKE CITY – De Nederlandse schaatsploeg bij de wereldbekerwedstrijden in Salt Lake City is flink verzwakt. Beorn Nijenhuis, Pim Schipper, Jan Blokhuijsen, Remco Olde Heuvel, Jorien Voorhuis, Lars Elgersma, Ronald Mulder, Ingeborg Kroon en een deel van de begeleiding zijn getroffen door een bacteriële infectie dan wel voedselvergiftiging. Dat maakte schaatsbond KNSB vrijdag bekend.
De schaatsers zullen in Salt Lake waarschijnlijk niet in actie komen. Ronald Mulder is inmiddels wel aan de beterende hand. Hij kan vrijdag misschien toch aan de 500 meter meedoen.
Erben Wennemars profiteert van de ziekte van een deel van zijn Nederlandse schaatscollega's. De TVM-rijder zou aanvankelijk vanuit Calgary terug naar Nederland vliegen, maar is vervolgens naar Salt Lake City vertrokken om daar vrijdag op de 1500 meter te kunnen starten.

Bron: De Volkskrant, 11 december 2009.

Hierna volgen beschrijvingen van pathogenen die regelmatig in voedsel voorkomen.

3.3.1 Bacillus cereus

Bacillus cereus is een aerobe, staafvormige, Grampositieve sporenvormer horend tot de familie van de *Bacillaceae*. Groei is mogelijk bij temperaturen van 4°C tot 55°C met een optimum bij 30°C en pH-waarden van 5,0 tot 8,8. De minimale wateractiviteit voor groei is 0,93.
De bacterie kan zowel een voedselinfectie (eigenlijk een toxico-infectie) als een voedselvergiftiging veroorzaken. *B. cereus* komt algemeen voor in de natuur,

maar wordt vooral aangetroffen in aarde, graanproducten (waaronder rijst) en specerijen.

Het vermogen van *B. cereus* om sporen te vormen speelt een belangrijke rol bij de overleving van de bacterie. In tegenstelling tot de vegetatieve cellen zijn de sporen in staat ongunstige omstandigheden als verhitting en schoonmaak- en desinfectieprocessen te overleven. Daarnaast kunnen de sporen zich hechten aan oppervlakken. Onder gunstige omstandigheden kunnen de sporen ontkiemen, waarna verdere groei van de vegetatieve cel mogelijk is.

Veel mesofiele *B. cereus*-stammen zijn niet in staat te groeien bij temperaturen beneden 10°C. Er zijn echter psychrotrofe stammen (met name in melk) die wel kunnen groeien bij koelkasttemperaturen (vanaf 4°C). Ook al zijn deze stammen tegen het einde van de houdbaarheidstermijn van melk in voldoende mate aanwezig om ziekte te veroorzaken, toch gebeurt dit waarschijnlijk niet. Tegen die tijd is de melk zichtbaar bedorven (geschift) en wordt deze niet meer gedronken.

In zetmeelrijk voedsel kan de aanwezigheid van *B. cereus* leiden tot ziekte, waarbij twee ziektebeelden kunnen worden onderscheiden: een mild (toxico-infectie) en een heftig type (vergiftiging).
Bij het milde type zijn voornamelijk producten als sauzen, soepen, meelspijzen, deegwaren en zuivelproducten betrokken. Het (entero)toxine wordt geproduceerd in de darm met ziekteverschijnselen als buikkramp en diarree circa 8-16 uur na consumptie van besmet voedsel. Circa 10^5-10^7 cellen in voedsel zijn voldoende om ziekte te veroorzaken. De ziekteduur bedraagt circa 12 tot 24 uur.

Rijst en deegwaren zijn veelal betrokken bij het heftige type ziekte (vergiftiging). Het toxine wordt gevormd in het voedsel door groei van *B. cereus* bij onjuiste bewaring. Vaak gaat het mis na het koken van rijst of deegwaren. Het wordt niet snel genoeg afgekoeld tot koelkasttemperaturen of het wordt bewaard bij onvoldoende hoge temperaturen (niet boven 60°C). Bij deze temperaturen is ontkieming van achtergebleven sporen en vervolgens groei van vegetatieve cellen mogelijk. Hierbij kan toxine worden gevormd.
De MTD wordt bereikt als er zich circa 10^5-10^7 cellen per gram voedsel bevinden. Circa een half tot zes uur na consumptie van het besmette product treden ziekteverschijnselen op met symptomen als misselijkheid en overgeven (zie ook artikel 3.3). De ziekteduur bedraagt 6 tot 24 uur.
Als dit toxine eenmaal is gevormd in het voedsel, dan wordt het vervolgens niet meer door verhittingsprocessen als koken of bakken geïnactiveerd. Het toxine is erg hittestabiel.

Artikel 3.3 Voedselvergiftiging door *Bacillus cereus*.

Massale voedselvergiftiging in het Kotterbos te Almere

Op 29 augustus 2000 vond in het Kotterbos in Almere-buiten een introductiekamp plaats waaraan 1275 studenten van de hogeschool Diemen deelnamen. 's Avonds werd een gezamenlijke maaltijd gegeten. Ongeveer anderhalf uur later werd een aantal mensen ziek. Later op de avond kwamen meerdere meldingen binnen bij de arts infectieziekten van de GGD Flevoland. Steeds meer mensen werden ziek en er ontstond paniek op het kampeerterrein. Op dat moment waren ongeveer tachtig studenten ziek waarvan vijftien ernstig. Het aantal zieken nam nog steeds toe.
Besloten werd de SIGMA (snel inzetbare troepen ter medische assistentie)-tent op te zetten. Alle zieken werd verzocht zich te melden in de tent zodat men de ernst van de ziekte kon beoordelen en men gegevens kon verzamelen (medische gegevens, vragenlijst). Ernstig zieken werden naar het ziekenhuis gebracht, voor minder ernstig zieken werd vervoer naar huis geregeld. Het overgrote gedeelte van de patiënten kon de nacht verder doorbrengen in het kamp.
Rond 4.00 uur was elke patiënt gezien en had zij/hij een medisch advies gekregen. Om 5.00 uur waren alle hulpverleners weer vertrokken. Tevens waren er voedselmonsters afgenomen door de Keuringsdienst van Waren en twee braakselmonsters door de artsen.

Uit de verzamelde gegevens bleek dat in totaal 116 studenten ziek waren geworden. Het grootste gedeelte had last van misselijkheid, braken en hoofdpijn. Sommigen hadden buikkramp en koorts. Van de zieken kreeg 86% klachten circa 1,5 uur na de maaltijd. De duur van de klachten was gemiddeld vier uur, hierna trad snel verbetering op.
Het voedsel dat die avond was aangeboden bestond uit vegetarische nasi en gewone nasi. Alle zieken hadden gegeten van de vegetarische nasi. Er waren ongeveer 120 vegetarische maaltijden verstrekt, wat een attack rate van bijna 100% betekent.

De vegetarische nasi was de oorzaak van alle klachten. Uit voedselresten van deze maaltijd werd *Bacillus cereus* geïsoleerd. Deze bacterie werd ook aangetroffen in de braakselmonsters.
Uit onderzoek kwam naar voren dat de oorzaak van de infectie met *B. cereus* waarschijnlijk te wijten is geweest aan een te langzame afkoeling van het voedsel. Na het koken overgebleven sporen van *B. cereus* konden ontkiemen en uitgroeien, waarbij tevens toxine werd gevormd. Aangezien het toxine hittestabiel is, werd dit na opwarmen voor consumptie niet geïnactiveerd.

Bron: Samengesteld uit artikel Infectieziektenbulletin, Essen et al., 2000.

3.3.2 Campylobacter

Campylobacter is een micro-aerofiele, Gramnegatieve bacterie die behoort tot de familie van de *Campylobacteriaceae*. Campylobacters groeien (afhankelijk van de soort) bij temperaturen tussen 25°C en 45°C (optimum 42°C) en bij pH-waarden van 4,9 tot 9,0. De minimale wateractiviteit voor groei is 0,987. Er bestaan verschillende vormen van *Campylobacter*. Zo zijn er sterk beweeglijke staafjes, spiraalvormen en s-vormen. Soms komen (niet kweekbare) coccen voor. Er zijn verschillende soorten campylobacters, waarvan met name *C. jejuni* en *C. coli* de soorten zijn die voedselinfectie bij de mens veroorzaken (campylobacteriose).

De bacterie is vaak aanwezig in het maagdarmkanaal van dieren en vogels. Door besmetting komt *Campylobacter* algemeen voor op rauw (pluimvee)vlees, in rauwe melk, op karkassen en slachtafval en in rioolwater. Ook huisdieren als honden en katten zijn regelmatig drager van deze bacterie.

Doordat de bacterie alleen kan groeien in de aanwezigheid van een paar procent zuurstof en gevoelig is voor droogte, is groei in voedingsmiddelen meestal niet mogelijk. *Campylobacter* kan wel gedurende langere tijd overleven in voedsel. De MID bedraagt circa 500 cellen. Vanwege deze lage MID is groei van de bacterie in voedsel niet nodig om ziekte te veroorzaken, alleen de aanwezigheid van lage aantallen is al voldoende. Een infectie kenmerkt zich door griepachtige verschijnselen, buikpijn, darmkrampen en acute waterige diarree na een incubatieperiode van 2 dagen tot 1 week.

Door voedsel goed te verhitten wordt de bacterie gedood. Niet goed verhit voedsel (vooral kippenvlees) is zodoende een belangrijke besmettingsbron. Infecties worden regelmatig geassocieerd met barbecues vanwege een directe besmetting door het hanteren van besmet voedsel. Maar ook kruisbesmetting via snijplanken of messen is een manier om geïnfecteerd te raken.

Na een infectie met *Campylobacter* doen zich bij sommige patiënten secundaire ziekteverschijnselen voor, zoals het Guillain-Barré-syndroom (GBS) of reactieve arthritis (Syndroom van Reiter). Beide zijn auto-immuunziekten.
GBS uit zich in verlammingen van het zenuwstelsel. Mogelijk dat door een infectie met *Campylobacter*, antilichamen in het lichaam worden gevormd die zich richten op zenuwuiteinden, waardoor geen prikkeloverdracht meer plaatsvindt. In Nederland is jaarlijks sprake van circa 200 gevallen van GBS (zie tevens artikel 3.4).

Artikel 3.4 *Campylobacter* als veroorzaker syndroom van Guillain-Barré.

Bacterie oorzaak syndroom van Guillain-Barré
Van onze verslaggeefster

AMSTERDAM – Een darminfectie door de campylobacter-bacterie is de belangrijkste oorzaak van het Guillain-Barré syndroom, dat verlamming veroorzaakt. Bij ongeveer 25 procent van de patiënten was kort tevoren een besmetting geconstateerd met deze bacterie. Dat blijkt uit onderzoek van prof. dr. F van der Meché, neuroloog in het Academisch Ziekenhuis Dijkzigt in Rotterdam.

De infectie komt via de voedselketen het lichaam binnen. Een van de potentiële bronnen voor een campylobacter-infectie is het eten van besmet kippenvlees. Uit onderzoek van de Consumentenbond blijkt dat driekwart van de kipfilet besmet is met deze bacterie. Kip moet daarom goed worden verhit. Uit het Rotterdamse onderzoek blijkt dat één op de drieduizend patiënten met een campylobacter-infectie het Guillain-Barré syndroom krijgt. Per jaar zijn dat ongeveer tweehonderd patiënten. Het afweersysteem van deze patiënten valt niet alleen de bacterie aan, maar richt zich ook op de (eigen) zenuwen. Er treedt een verlamming op in de benen, die zich daarna over het hele lichaam kan verspreiden. Als ook de ademhalingsspier wordt verlamd of verzwakt, moet de patiënt aan de beademingsapparatuur. Van de patiënten geneest 80 procent, maar pas na een langdurige behandeling.

Bron: De Volkskrant, 3 december 1996.

3.3.3 *Clostridium botulinum*

Clostridium botulinum is een anaerobe, Grampositieve, sporenvormende bacterie (staafvormig) die behoort tot de familie van de *Bacillaceae*. Groei is mogelijk bij temperaturen tussen 7°C en 48°C (optimum 30-35°C), bij pH-waarden van 4,6-9 en een minimale wateractiviteit van 0,94. Deze groeiomstandigheden zijn wel afhankelijk van het type *C. botulinum* (zie hierna).

De bacterie kan een voedselvergiftiging veroorzaken dankzij de vorming van een (neuro)toxine. De inname van het neurotoxine via voedsel veroorzaakt de ziekte botulisme, waarbij verlammingsverschijnselen optreden. Circa 12 tot 36 uur na inname van het toxine treden de eerste verschijnselen van botulisme op. De symptomen zijn: eerst misselijkheid en braken, gevolgd door moeheid, duizeligheid, hoofdpijn, verlamming van spieren, dubbelzien en ademhalingsmoeilijkheden. Een vergiftiging kan fataal aflopen. Om de ziekte

te bestrijden wordt eerst een cocktail van antisera toegediend, gevolgd door een specifiek antiserum.
Het neurotoxine is hittelabiel en wordt geïnactiveerd door verhitting (boven 75°C).

Aan de hand van het gevormde toxine kan *C. botulinum* worden onderscheiden in type A t/m G. De typen A, B en E worden voornamelijk in verband gebracht met het optreden van botulisme bij mensen. Soms veroorzaakt type F ziekte. Types C en D veroorzaken vooral botulisme bij zoogdieren. Botulisme bij vogels vindt vaak plaats door type C, bij vissen door type E. De voor de mens gevaarlijke types A, B en E komen maar zelden voor bij dieren, maar sterfte onder vissen kan wel veroorzaakt worden door het voor de mens gevaarlijke type E. Zwemmen in oppervlaktewater met veel vissterfte wordt zodoende ontraden. Type G is nog niet in verband gebracht met ziekte.

C. botulinum komt algemeen voor in de natuur. De bacterie wordt onder andere aangetroffen in grond, water, zee en in de darmen en feces van dieren. De sporen zijn in staat ongunstige omstandigheden als hitte en droogte goed te doorstaan (overleving). Onder gunstige, zuurstofloze, omstandigheden kunnen ze ontkiemen, waarna groei van vegetatieve cellen mogelijk is en toxine kan worden gevormd. Sporen zijn regelmatig aanwezig op voedsel, maar zolang ze niet in staat zijn te ontkiemen en toxine te vormen is er geen direct gevaar.

Ondanks dat *C. botulinum* algemeen voorkomt, treedt in Nederland botulisme nauwelijks op, mede dankzij de zogenaamde 'botulinum cook' van volconserven. Dit houdt in dat conserven een zodanige hittebehandeling ondergaan dat 12 decimale reducties van het aantal sporen van *C. botulinum* wordt verkregen.

Een bijzondere vorm van botulisme is zuigelingenbotulisme (ook wel infantiel botulisme genoemd). Hierbij komen sporen van *C. botulinum* – vanuit honing – in de darm van baby's terecht. De sporen ontkiemen in de darmen en groeien uit tot vegetatieve cellen. Vervolgens vindt groei plaats, waarbij het toxine wordt gevormd en ziekte optreedt (toxico-infectie). Ontkieming en uitgroei in de darmen is mogelijk doordat de darmflora zich nog niet in voldoende mate heeft ontwikkeld.
Geadviseerd wordt baby's, tot een leeftijd van een jaar, geen honing te geven.

3.3.4 Clostridium perfringens

Clostridium perfringens is anaeroob (tot aerotolerant), Grampositief, staafvormig en sporenvormend en behoort evenals *C. botulinum* tot de familie van de *Bacillaceae*. Onder gunstige omstandigheden heeft de bacterie een zeer korte delingstijd, namelijk 10 minuten. Groei is mogelijk bij temperaturen tussen 12°C en 52°C (met een optimum van 43-47°C), bij pH-waarden van 5,0 tot 8,3 en een wateractiviteit van minimaal 0,93.

De bacterie komt algemeen voor in grond, water en in de darmen van zowel mens als dier. Kruiden en specerijen zijn vaak besmet met lage aantallen sporen. In levensmiddelen komt de bacterie vooral in producten voor als vlees en kip en daarmee bereide producten. In stamppotten, soepen en sauzen is groei mogelijk doordat de concurrerende microflora is uitgeschakeld.

Een bijzonder kenmerk van *C. perfringens* is, dat het de darmbarrière van dieren kan passeren, wanneer ze vlak voor het slachten in een 'stress-toestand' verkeren. Onvoldoende warmtebehandeling van (grote) stukken vlees kan vervolgens aanleiding geven tot ziekte (toxico-infectie).

De MID is vrij hoog en bedraagt circa 10^8 cellen. Ziekte als gevolg van consumptie van met *C. perfringens* besmet voedsel treedt op als vegetatieve cellen, na passage van de maag, zich in de darm gaan vermeerderen en sporuleren. Bij deze sporulatie komt (entero)toxine vrij, dat de ziekteverschijnselen veroorzaakt. Er treedt vochtverlies op met symptomen als buikkramp en waterige diarree. De incubatietijd bedraagt 8 tot 24 uur, de ziekteduur circa 24 uur.

3.3.5 Cronobacter sakazakii

Cronobacter sakazakii is een facultatief anaerobe, Gramnegatieve, staafvormige bacterie die behoort tot de familie van de *Enterobacteriaceae*. Groei vindt plaats bij temperaturen tussen 6°C en 47°C met een optimum van 37°C. Sinds de jaren '80 is een verband gelegd tussen de aanwezigheid van *C. sakazakii* in melkpoeder en het optreden van ziekteverschijnselen (voedselinfectie) bij pasgeborenen.
In eerste instantie werd de bacterie aangeduid met de naam *Enterobacter sakazakii*, deze werd in 1980 als nieuwe soort beschreven. Recent is de bacterie echter opnieuw ingedeeld, waarbij de naam is veranderd in *Cronobacter sakazakii*.

De bacterie komt vrij algemeen voor in de omgeving (ook bij levensmiddelenfabrieken) en is normaal gesproken niet pathogeen. Infecties met deze bacterie zijn zeldzaam en komen (voor zover bekend) alleen voor bij verzwakte zuigelingen of prematuren (te vroeg geboren baby's). De bacterie wordt zodoende beschouwd als een opportunistische pathogeen.

De ziekteverschijnselen kunnen zeer ernstig van aard zijn (zoals hersenvliesontsteking of een ontsteking van de darmen (enteritis)) met een fatale afloop in circa 20-40% van de gevallen. Er is nog weinig bekend over de incubatieduur en de MID. Geschat wordt dat ziekte mogelijk is na inname van 1.000 cellen.

Als belangrijkste besmettingsbron geldt bereide zuigelingenvoeding besmet met *C. sakazakii*. Als poedervormige zuigelingenvoeding niet juist wordt bereid of na bereiding niet correct bewaard wordt, kan de bacterie in het gebruiksklare product uitgroeien.

Een andere besmettingsmogelijkheid is het ontstaan van een biofilm op de gebruikte materialen na onjuiste reiniging. De bacterie is goed in staat zich te hechten aan en te groeien op de materialen (vorming biofilm) die gebruikt worden bij de bereiding van zuigelingenvoeding en het geven van voeding (flessen, spenen, keukengerei).

Artikel 3.5 *Cronobacter sakazakii* in zuigelingenvoeding.

Enterobacter sakazakii in Frankrijk

Eind oktober 2004 overleden in Frankrijk 2 baby's als gevolg van een meningitis veroorzaakt door E. sakazakii. In november en december werden nog eens 7 baby's met E. sakazakii gemeld, waarvan 1 met conjunctivitis en 1 met hemorragische colitis. De baby's werden verpleegd in 5 verschillende ziekenhuizen. Met uitzondering van het patiëntje met colitis waren het allen te vroeg geboren baby's. Alle 9 baby's hadden speciale zuigelingenvoeding gekregen, bestemd voor baby's met een intolerantie voor koemelk. Uit 4 verschillende batches gebruikt voor de bereiding van de voeding van deze baby's werd E. sakazakii geïsoleerd. Nader onderzoek naar het bereiden en bewaren van zuigelingenvoeding in de betrokken ziekenhuizen bracht een aantal tekortkomingen aan het licht, zoals het langer dan 24 uur bewaren van klaargemaakte voeding in een simpele huishoudkoelkast zonder temperatuurregistratie. Toen bekend werd dat de infecties gerelateerd waren aan deze speciale voeding heeft de producent vrijwillig de betreffende batches uit de handel gehaald.

Bron: Heuvelink, A.E., 2007.

3.3.6 Escherichia coli

Escherichia coli is een facultatief anaerobe, Gramnegatieve, staafvormige bacterie die behoort tot de familie van de *Enterobacteriaceae* en het geslacht *Escherichia*. Groei is mogelijk tussen 0 en 50°C met een optimum groeitemperatuur van 35-37°C.
De bacterie is vaak aanwezig in het maagdarmkanaal van zowel mens als dier en veroorzaakt meestal geen ziekte.

Bepaalde serotypes van de bacterie kunnen bij de mens echter wel ziekteverschijnselen veroorzaken, met name enteritis (darmontsteking). Deze humaanpathogene *E. coli*-stammen worden op grond van virulentiefactoren (de manier waarop ze ziekte veroorzaken) en ziektebeeld ingedeeld in de volgende groepen: enteropathogene (EPEC), enterotoxicogene (ETEC), enteroinvasieve (EIEC), enterohemorragische (EHEC), enteroaggregatieve (EAEC) en diffuusadherente (DAEC) *E. coli*. Zie tabel 3.1 voor een overzicht.
De aanwezigheid van een ziekteverwekkende *E. coli* in voedsel (op het moment van consumptie) of water kan leiden tot een voedselinfectie.

In producten als rauw vlees en gevogelte is de aanwezigheid van de bacterie het gevolg van fecale besmetting van de karkassen tijdens de slacht. De aanwezigheid van deze bacterie in voedsel kan wijzen op het voorkomen van darmpathogenen als *Salmonella*.

Tabel 3.1 Karakteristieken van humaanpathogene *Escherichia coli*-stammen

Pathogene type	Ziektebeeld
diffuusadherente *E. coli* (DAEC)	diarree (met name bij kinderen tussen 1 en 5 jaar oud)
enteroaggregatieve *E. coli* (EAEC)	langdurige diarree (met name bij kinderen)
enterohemorragische *E. coli* (EHEC)	bloederige diarree, buikkrampen, soms koorts
enteroinvasieve *E. coli* (EIEC)	niet-bloederige, heftig verlopende diarree
enteropathogene *E. coli* (EPEC)	acute niet-bloederige, waterige diarree (met name bij kinderen jonger dan 2 jaar)
enterotoxicogene *E. coli* (ETEC)	reizigersdiarree (variërend van mild tot zeer heftig verlopend) en diarree met name bij kinderen

Bron: Simjee, S., 2007.

E. coli kan voor dierlijke en plantaardige producten worden gebruikt als indicatororganisme voor hygiënische productiewijzen (hygiëne-indicator) en een fecale besmetting. Indien producten een behandeling ondergaan waarbij de vegetatieve cellen worden geïnactiveerd (bijvoorbeeld pasteurisatie) en *E. coli* wordt vervolgens in het product aangetroffen, duidt dit op (her)besmetting uit de productieomgeving (als het verhittingsproces correct verlopen is).

3.3.7 *Escherichia coli* O157

Escherichia coli O157 is een pathogene stam van *E. coli* en valt onder de EHEC-groep (zie 3.3.6 *Escherichia coli*). De 'code' O157 komt voort uit de serotypering*.

De bacterie is voor de mens pathogeen door onder meer de productie van Shigatoxinen. Deze stam kan hemorragische colitis (HC, bloederige diarree) veroorzaken met als mogelijke complicatie het Hemolytisch Uremisch Syndroom (HUS). HUS kenmerkt zich door een acuut falen van de nieren en kan tot de dood leiden. Met name kinderen jonger dan 6 jaar zijn vatbaar voor een infectie.

Symptomen bij ziekte zijn buikpijn, koorts en (bloederige) diarree. Een infectie kan – met name bij volwassenen – ook onopgemerkt verlopen (asymptomatisch dragerschap).

Overigens blijkt uit onderzoek dat niet alleen *E. coli* O157-stammen verantwoordelijk zijn voor de productie van Shigatoxinen. De *E. coli* serogroepen O26, O103, O111 en O145 zijn eveneens in staat deze Shigatoxinen te vormen en vallen onder de EHEC-groep.

---

*   Een toelichting op de serotypering staat vermeld in de bijlage op bladzijde 175.

E. coli O157 is vaak aanwezig in het maagdarmkanaal van rundvee en is aangetoond op karkassen van geslachte dieren. Via besmetting van vlees tijdens het slachten kan deze pathogeen, indien het vlees geen goede verhittingsstap heeft ondergaan, worden overgebracht op de mens. Andere risicoproducten zijn producten die mogelijk in contact zijn geweest met runderfeces, zoals rauwe melk, rauwmelkse kaas en groente. De MID is laag, een inname van 10-100 cellen kan al een infectie veroorzaken.

Grote uitbraken van voedselinfecties zijn in het verleden veroorzaakt door consumptie van onvoldoende verhitte hamburgers (hamburgerziekte, zie artikel 3.6), rauwe (niet gepasteuriseerde) melk, rauwmelkse kaas. Niet alleen deze voedingsmiddelen van dierlijke oorsprong (vvdo) zijn belangrijke besmettingsbronnen geweest. Ook het eten van rauwe groenten en fruit als sla, spinazie, kiemgroenten (alfalfa, radijsspruiten, taugé) en appelsap, leidde tot ziekte.

Een belangrijke besmettingsroute daarbij is de mest gebruikt voor bemesting van het land. Via water is besmetting eveneens mogelijk.

E. coli O157 is relatief ongevoelig voor een lage pH, waardoor de bacterie goed in staat is te overleven in zure producten. Om dezelfde reden doorstaat de bacterie ook de zure omgeving van de maag. Groei van de bacterie is mogelijk bij pH-waarden vanaf circa 4-4,5. Bij lagere pH-waarden is groei niet meer mogelijk, maar kan de bacterie wel geruime tijd overleven.

Niet alleen het rundvee is besmet met deze bacterie. Ook bij boerderijdieren als varkens, pluimvee, geiten en schapen is de bacterie in de feces aangetoond. Via direct contact met deze dieren op kinderboerderijen (aaien) zijn kinderen in Nederland geïnfecteerd geraakt met E. coli O157 met ziekte tot gevolg. Om deze en andere via dieren overdraagbare infecties te voorkomen, is in Nederland een 'Code voor hygiëne op kinderboerderijen' opgesteld. Deze code is vooral gericht op het regelmatig wassen van de handen voor zowel bezoekers als medewerkers. Een handenwasplaats moet zodoende aanwezig zijn en voor iedereen toegankelijk.

Artikel 3.6 Hamburgerziekte door E. coli O157.

Gezond vlees is huisarbeid
Gerbrand Feenstra

De hamburgerziekte wordt veroorzaakt door een bacterie die in rauw vlees gedijt. Alleen de consument kan besmetting voorkomen, want de hygiëne bij de productie laat te wensen over.
Het veilig bewaren en bereiden van rauw vlees door de consument is vooralsnog de enige manier om besmetting met een gevaarlijke darmbacterie te voorkomen. Producten als tartaar of filet americain zouden een etiket moeten krijgen dat de consument waarschuwt voor mogelijke aanwezigheid van zo'n bacterie.
Er zijn ook andere effectieve manieren om besmetting te voorkomen. Het hygiënisch slachten van koeien en kalveren bijvoorbeeld, of het verhitten van vlees, het behandelen met melkzuur ervan of het doorstralen. Maar die blijken moeilijker in praktijk te brengen of worden door de consument nog onvoldoende geaccepteerd.
Dat concludeert de microbioloog dr. Annet Heuvelink in haar proefschrift over de verwekker van de zogeheten 'hamburgerziekte', de darmbacterie E. coli O157. Heuvelink promoveerde afgelopen woensdag aan de Katholieke Universiteit Nijmegen op een reeks studies over de aanwezigheid van deze bacterie in de voedselketen en bij de mens.

> De 'hamburgerziekte' is een voedselinfectie die gepaard gaat met hevige buikkrampen en een ernstige vorm van bloederige diarree (hemorragische colitis). Bij (jonge) kinderen kan de infectie nog een extra complicatie veroorzaken, gekenmerkt door bloedarmoede, een tekort aan bloedplaatjes en een acute nierfunctiestoornis (het hemolytisch-uremisch syndroom, of HUS).
> De voedselinfectie ontleent haar bijnaam aan de eerste als zodanig herkende explosie in 1982 in de VS. In de staten Oregon en Michigan deden zich respectievelijk 26 en 21 gevallen van hemorragische colitis voor. Na epidemiologisch speurwerk konden die worden teruggevoerd op met E. coli O157 besmette hamburgers die waren uitgeserveerd door één en dezelfde fastfoodketen.
> Net als in de VS en Japan – waar in 1996 11.826 personen door de voedselvergiftiging werden geveld, van wie twaalf dit met de dood moesten bekopen – komt de 'hamburgerziekte' ook in Nederland voor. Hoe vaak, is niet precies bekend, want een volledige registratie ontbreekt.

Bron: De Volkskrant, 5 februari 2000.

3.3.8 Legionella

Legionella is een aerobe, Gramnegatieve, staafvormige bacterie die behoort tot de familie van de *Legionellaceae*. Groei is mogelijk bij temperaturen tussen 25°C en 45°C (optimum 35-37°C) en bij pH-waarden van 5,0 tot 8,5. Deze familie bestaat uit een geslacht met meer dan 50 soorten. *Legionella pneumophila* is de belangrijkste verwekker van *Legionella*-longontsteking ('legionnaires' disease). Deze ziekte wordt ook wel veteranenziekte genoemd. Dit vanwege een explosie van longontsteking onder de deelnemers aan een bijeenkomst van oud-strijders in 1976. De bacterie kan ook andere problemen veroorzaken, zoals wondinfecties en de milde vorm van legionellose: 'Pontiac fever'. De bacterie is een opportunistisch pathogeen.

In Nederland vond een grote *Legionella*-uitbraak plaats als gevolg van de Westfriese Flora in februari 1999 te Bovenkarspel. In totaal zijn ruim 230 bezoekers ziek geworden, waarvan er 32 zijn overleden. De besmettingsbron bleek een whirlpool te zijn.

Veteranenziekte wordt gekenmerkt door een acute zware longontsteking met hoge koorts, die zonder behandeling veel sterfte veroorzaakt. Circa een tot vier dagen na infectie zijn de ziekteverschijnselen: malaise, geen eetlust, spierpijn, hoofdpijn, soms diarree. Vanaf de zesde dag zijn deze: rillingen, hoge koorts (>39°C), diarree, buikpijn en soms misselijk, braken, droge hoest, pijn in de borst. Tien tot veertien dagen na een infectie treden ook verschijnselen op als verwardheid en pijn in de borst.

De duur van de ziekte kan enkele weken bedragen waarbij de patiënten zeer ziek zijn. Zonder behandeling met antibiotica overlijdt circa 10-20%, met behandeling circa 5%.

Water is het natuurlijke milieu waar legionella's leven en zich kunnen vermenigvuldigen. Vermeerdering treedt met name op in slijmlaagjes (biofilms, zie ook onder 2.2.2 en 5.4) op oppervlakken die in contact staan met water en/of in aanwezigheid van protozoa. De bacterie is vaak geïsoleerd uit oppervlakte-, grond- en putwater, koeltorens, whirlpools, warmwaterreservoirs en airconditioningsystemen.
Een infectie veroorzaakt door *Legionella* (legionellose) kan alleen worden verkregen door het inademen van aerosolen (lucht met kleine vochtdeeltjes) die besmet zijn met de bacterie. Water dat versproeid wordt als aerosol moet zodoende *Legionella*-vrij zijn. Een infectie is niet mogelijk door het drinken van besmet water.

Bij normaal gebruik van het leidingwater thuis, is de kans op een *Legionella*-infectie gering. De temperatuur van water in het waterleidingnetwerk ligt beneden de grens van 25°C en voor boilers of andere warmwaterinstallaties geldt dat deze minimaal staan afgesteld op 60°C (door erkende installateurs). Anders is het bij collectieve leidingwaterinstallaties zoals deze aanwezig zijn in bijvoorbeeld ziekenhuizen, zorginstellingen en verblijfsaccommodaties. Voor eigenaren van dergelijke installaties geldt de verplichting om een risico-analyse uit te voeren, een beheersplan op te stellen, periodieke metingen op *Legionella* uit te laten voeren en maatregelen te nemen om de gezondheidsrisico's van legionella's te voorkomen.

3.3.9 Listeria monocytogenes
Listeria monocytogenes is een facultatief anaerobe, Grampositieve, staafvormige bacterie en vormt met de andere zes listeria's het geslacht *Listeria*. Alleen *L. monocytogenes* is pathogeen. Het groeibereik van *Listeria* is van 0-45°C, met een optimum tussen 30°C en 37°C. Bij koelkasttemperatuur (4°C) wordt de lag-fase aanzienlijk verlengd. De minimale wateractiviteit voor groei is laag en bedraagt 0,92. Daarnaast is groei alleen mogelijk bij pH-waarden tussen 4,4 en 9,4 (optimum 7,0).

L. monocytogenes is de veroorzaker van listeriose, een infectieziekte die bij risicogroepen (personen met verzwakte afweer als bejaarden, baby's, zwangeren, zieken), in veel gevallen tot sterfte leidt (30-50%). Infectie bij zwangeren kan symptoomloos verlopen maar een 'griepachtig' ziektebeeld is ook mogelijk. In extreme gevallen kan hersenvliesontsteking (meningitis) optreden.

Infectie tijdens de zwangerschap kan – via de bloedbaan – leiden tot infectie van de placenta met als gevolg een infectie van de foetus in de baarmoeder. Dit resulteert in abortus, een dood geboren of een (ernstig) zieke baby. Ook na de geboorte kan besmetting met *L. monocytogenes* optreden. Vooral bij pasgeborenen is het sterftecijfer erg hoog (tot 50%).

Bij niet-zwangere personen met verzwakte afweer zijn hersenvliesontsteking en bloedvergiftiging de meest voorkomende verschijnselen na een infectie. Ziekte bij ogenschijnlijk gezonde personen uit zich vrijwel altijd als meningitis, hetgeen in 20-30% van de gevallen tot sterfte leidt. De tijd die verloopt tussen het oplopen van de besmetting en het optreden van verschijnselen is gemiddeld twee tot vier weken, maar kan variëren van enkele dagen tot maanden. Daarnaast is asymptomatisch dragerschap mogelijk.

Er is nog relatief weinig bekend over het ontstaan van de ziekte, de MID en de verdedigingssystemen van het lichaam. Aangenomen wordt dat bij aantallen van maximaal 100 kve per gram of milliliter voedsel, het risico voor de mens beperkt blijft.

L. monocytogenes komt algemeen voor en is in vrijwel alle rauwe en kant-en-klare levensmiddelen aangetroffen. Omdat de bacterie uitgroeit bij koelkasttemperatuur kunnen aanvankelijk aanwezige lage aantallen aan het einde van de houdbaarheidstermijn leiden tot hoge aantallen. Risicogroepen wordt aangeraden geen producten te consumeren als rauwe melk, rauwmelkse kaas, kaas met een oppervlakteflora (schimmels), filet américain, gas- of vacuümverpakte gerookte vissoorten en vleeswaren met een lange houdbaarheidstermijn (gasverpakt of gevacumeerd). Zie artikel 3.7 voor aanvullende informatie.

Artikel 3.7 *Listeria monocytogenes* in levensmiddelen.

Voorverpakte gerookte vis risico voor zwangeren

De Voedsel en Waren Autoriteit (VWA) raadt zwangere vrouwen, ouderen en mensen met een verminderde weerstand aan om voorverpakte gerookte vis vóór het eten door en door te verhitten. De VWA trof in de eerste helft van 2007 bij ruim 3% van deze visproducten meer Listeria-bacteriën aan dan volgens de Warenwet is toegestaan. Besmetting met de Listeria-bacterie kan ernstige gevolgen hebben, zoals hersenvliesontsteking. Bij zwangere vrouwen kan het een spontane abortus veroorzaken.

Het verwerken van de voorverpakte gerookte vis in koude gerechten als bijvoorbeeld salades of op toastjes raadt de VWA af. Wél is het mogelijk om de producten te gebruiken in gerechten waarbij de vis voldoende wordt verhit (85 graden), zoals in ovenschotels of in warme sauzen.

In het VWA-onderzoek is o.a. gekeken naar voorverpakte gerookte zalm, forel, paling, haring en makreel. Bij nog eens 12 % van de monsters van gerookte vis bleek Listeria wel aanwezig te zijn, maar dan onder de wettelijke norm. In filet américain, garnalen en voorverpakte gesneden vleeswaren trof de VWA eveneens Listeria-bacteriën aan beneden de wettelijke norm.

Al langer is bekend dat producten als paté, filet américain en rauwmelkse kazen de Listeria-bacterie kunnen bevatten. Listeria is een algemeen voorkomende bacterie die risico's kan opleveren in producten die geen hittebehandeling ondergaan. Bijzonder aan de Listeria-bacterie is dat deze zich blijft vermenigvuldigen, ook al is het product vacuüm verpakt en wordt het in de koelkast bewaard. Voor alle producten met een mogelijke Listeria-besmetting geldt dat consumenten goed de houdbaarheidsdatum in de gaten moeten houden. Dat geldt met name voor ouderen en mensen met een verminderde weerstand, zoals zieken.

De Voedsel en Waren Autoriteit doet jaarlijks onderzoek naar ziekteverwekkende bacteriën in vlees, vis en bereide levensmiddelen. Uitkomsten van het onderzoek zijn beschikbaar op de internetsite van de VWA.

Bron: VWA nieuwsbericht, 17 juli 2007.

3.3.10 *Salmonella*

Salmonella is een facultatief anaerobe, Gramnegatieve, staafvormige bacterie die behoort tot de familie van de *Enterobacteriaceae*. Groei is mogelijk bij temperaturen tussen 5 en 45°C (optimum 37°C), bij pH-waarden van 3,8 tot 9,5 en een minimale wateractiviteit van 0,93. Er zijn ruim 2.500 soorten bekend.

Salmonella veroorzaakt voedselinfecties (salmonellose). De symptomen zijn meestal buikpijn, diarree en koorts. De MID bedraagt meestal 10^5-10^7 cellen, afhankelijk van vooral de gevoeligheid van de gastheer, de virulentie (ziekteverwekkend vermogen) van de *Salmonella*-stam en het voedsel waarin *Salmonella* zich bevindt. De incubatietijd varieert van 8 tot 72 uur, de ziekteduur van een paar dagen tot een week maar soms duurt de ziekte ook enkele weken. Verder kan men wekenlang – zonder ziekteverschijnselen – drager zijn.

Salmonellose komt met name voor bij risicogroepen: oudere mensen, jonge kinderen en mensen met verminderde afweer. In Nederland doen zich jaarlijks ongeveer 50.000 gevallen van salmonellose voor, veroorzaakt door besmette eieren (39%), varkensvlees (25%), kippenvlees (21%), rundvlees (11%) en overige producten (4%).

De bacterie is vaak aanwezig in het maagdarmkanaal van vele in de vrije natuur levende dieren en bij boerderijdieren. Risicoproducten zijn producten van dierlijke oorsprong als (kippen)vlees, eieren, rauwe melk, rauwmelkse kaas (zie artikel 3.8) en vis. Besmetting van mensen treedt voornamelijk op door het eten van onvoldoende verhit besmet vlees en eieren of via producten die door kruisbesmetting besmet zijn (via snijplanken, messen en dergelijke). Doordat *Salmonella* zich goed kan vermeerderen in voedsel, is het belangrijk risicoproducten altijd gekoeld te bewaren, waarmee men verdere uitgroei voorkomt.

Er zijn infecties opgetreden ten gevolge van zuurtolerante salmonella's in ongepasteuriseerd sinaasappelsap. Juist voor deze zuurtolerante micro-organismen blijkt het aantal cellen dat nodig is om ziekte te veroorzaken erg laag te zijn.

Artikel 3.8 *Salmonella* in rauwmelksekaas.

Salmonellabesmetting in Twente door boerenkaas
ANP

ENSCHEDE – In Twente zijn ruim honderd mensen besmet met een zeldzame salmonellabacterie. Het gaat om het salmonella typhirium faagtype 560. Enkele partijen boerenkaas zijn de bronnen van de besmetting, hebben de GGD Twente en de Voedsel en Waren Autoriteit (VWA) dinsdagmiddag bekendgemaakt.
De partij boerenkaas wordt vernietigd, terwijl verdachte kazen die al waren geleverd worden teruggehaald. Volgens een woordvoerder van de Voedsel en Waren Autoriteit treft de producent van de boerenkaas geen blaam. 'Er is bij het productieproces aan alle wettelijke voorschriften voldaan. In dit geval is het domme pech. Deze salmonellabacterie komt gewoon in de lucht voor en in dit geval dus op het verkeerde moment op de verkeerde plaats.'
In heel Nederland zijn sinds december vorig jaar 140 besmettingen geconstateerd van het bewuste type salmonella. Volgens de GGD Twente melden zich nog steeds nieuwe patiënten. Het zijn vooral kinderen tot 5 jaar die last hebben van diarree met daarin bloed en slijm. 'De besmetting kan leiden tot een ernstige darminfectie en in uiterste gevallen zelfs tot de dood. Ernstige complicaties hebben zich in Twente nog niet voorgedaan', zei Karel Soethoudt, arts infectieziekten van de GGD Twente.

Bron: De Volkskrant, 14 november 2006.

3.3.11 Staphylococcus aureus

Staphylococcus aureus is een facultatief anaerobe, Grampositieve bacterie die behoort tot de familie van de *Micrococcaceae*. Groei is mogelijk bij temperaturen tussen 7°C en 48°C (optimum bij circa 37°C), bij pH-waarden van 4 tot 10 en een wateractiviteit ≥ 0,86.

De bacterie kan een hittestabiel (exo)toxine vormen dat in het geval van *S. aureus* ook wel enterotoxine wordt genoemd (soms aangeduid als SE: *Staphylococcus* Enterotoxine). Toxineproductie is alleen mogelijk bij temperaturen tussen 10°C en 48°C en a_w-waarden vanaf 0,87.

De aanwezigheid van *S. aureus* in voedsel is niet direct een gevaar. De kans op ziekte (voedselvergiftiging) is alleen aanwezig als de kiem kan uitgroeien en de verdere omstandigheden ook geschikt zijn voor de vorming van het toxine. Eenmaal gevormd toxine is bestand tegen verhittingsprocessen als koken en bakken. Het verhitten van voedsel leidt zodoende niet tot inactivatie van het toxine.

Symptomen als misselijkheid, braken, buikpijn en diarree worden waargenomen 0,5 tot 6 uur na consumptie van besmet voedsel. De MTD bedraagt 1-25 μg enterotoxine, hetgeen overeenkomt met circa 10^5 cellen per gram voedsel. De ziekteduur bedraagt 1 tot 3 dagen.

Dit micro-organisme komt bij ongeveer de helft van de mensen voor in het neusslijmvlies of op de handen en is daarom een goede indicator voor hygiënische werkwijzen (zie ook 2.2.5). Normaal gesproken heeft de drager geen last van de bacterie. Soms veroorzaakt de bacterie huidontstekingen als steenpuisten, of krentenbaard bij kinderen. Dieren zijn ook vaak drager. Bij koeien kan deze bacterie uierontsteking (mastitis) veroorzaken.

Doordat mensen vaak drager zijn van deze bacterie vindt besmetting van voedsel meestal plaats door direct handcontact of via niezen of hoesten. Een kruisbesmetting via besmet vlees is ook mogelijk.
Groei is mogelijk in eiwitrijke producten, producten met weinig begeleidende microflora* en een lage a_w-waarde zoals zuivelproducten (bijvoorbeeld rauwmelkse kaas) en gekookte vleeswaren (bijvoorbeeld ham). Ook in eiwitrijke vuilresten kan groei van dit micro-organisme optreden als de begeleidende flora geen concurrentie meer vormt (bijvoorbeeld door indrogen).

---

*   Begeleidende microflora zijn aanwezige andere bacteriën. Indien deze in grote aantallen aanwezig zijn, is het voor *S. aureus* lastig om uit te groeien. Zijn deze echter niet of in mindere mate aanwezig (door een verhittingsstap, indrogen en dergelijke) dan is groei van de pathogeen wel mogelijk.

Veelgemaakte fouten tijdens de voedselbereiding met ziekte tot gevolg zijn: voedsel niet of onvoldoende gekoeld bewaren (niet beneden 7°C), te lang van te voren klaargemaakt en te lang bewaard bij onvoldoende hoge temperatuur (niet boven 60°C), bijvoorbeeld op warmhoudplaten.

Een specifiek soort *S. aureus* is de methicilline-resistente *S. aureus* (MRSA). Deze variant is ongevoelig voor verschillende soorten antibiotica. Ziekenhuizen proberen de bacterie buiten de deur te houden vanwege de infectierisico's bij operatieve ingrepen (zie artikel 3.9).
In toenemende mate zijn varkens en kalveren besmet met de MRSA-bacterie. Via deze route vindt besmetting plaats van mensen die beroepsmatig met deze dieren omgaan. Daarnaast wordt de bacterie regelmatig geïsoleerd van mensen die recent in een buitenlands ziekenhuis opgenomen zijn geweest.

Artikel 3.9 MRSA in ziekenhuis.

MRSA in Amsterdams BovenIJ Ziekenhuis

AMSTERDAM – Zes patiënten en vier medewerkers van het BovenIJ Ziekenhuis zijn besmet met de MRSA-bacterie. Dat heeft het Amsterdamse ziekenhuis donderdag bekendgemaakt. De geïnfecteerden zouden het goed maken. De patiënten worden afzonderlijk verpleegd en het besmette personeel is naar huis gestuurd. Allen worden behandeld met antibiotica. De directie hoopt met een aantal voorzorgsmaatregelen ervoor te zorgen dat de rest van het ziekenhuis schoon blijft. Daarbij wordt landelijk MRSA-beleid gevolgd.

Operaties uitgesteld
Zo zijn de afdelingen waar de bacterie is aangetroffen gesloten om gedesinfecteerd te worden. Ook roept het ziekenhuis iedereen die mogelijk risico heeft gelopen op zich te laten onderzoeken. Tot het weekeinde geldt een opnamestop. Operaties van deze week zijn verplaatst naar volgende week.
De afdelingen spoedeisende hulp, verloskunde, intensive care en de kinderafdeling van het ziekenhuis blijven gewoon open. Dat geldt ook voor de poliklinieken. Daar vormt MRSA eigenlijk nooit een probleem, licht het hoofdstedelijke ziekenhuis toe.

Kwetsbare mensen
De MRSA-bacterie veroorzaakt vooral in ziekenhuizen problemen, omdat zich daar relatief veel kwetsbare personen bevinden. In het bijzonder ouderen en mensen met een zwakke weerstand kunnen ziek worden van de bacterie. Zij kunnen infecties oplopen.
De bacterie verspreidt zich via de lucht of via lichamelijk contact. Het afgelopen jaar kampten zorginstellingen in onder meer Eindhoven, Den Bosch, Goes en Schalkwijk met de dodelijke bacterie.

Bron: Nu.nl, 20 december 2007.

3.3.12 Overige bacteriële pathogenen

Hierna volgt een korte bespreking van vier pathogenen die weliswaar via voedsel of water ziekte kunnen veroorzaken, maar die over het algemeen voor weinig problemen zorgen in Nederland. In het buitenland is de kans op infectie wel aanwezig.

Shigella

De micro-organismen van het geslacht *Shigella* zijn facultatief anaerobe, Gramnegatieve, staafvormige bacteriën die behoren tot de familie van de *Enterobacteriaceae*. Groei is mogelijk bij temperaturen tussen 7°C tot 45°C.
Er bestaan verschillende *Shigella*-soorten die in staat zijn voedselinfecties te veroorzaken, namelijk *Shigella dysenteriae, S. flexneri, S. boydii* en *S. sonnei*. Daarvan is *S. dysenteriae* het meest virulente type. Deze soort produceert Shigatoxinen die hemorragische colitis (HC) kunnen veroorzaken. Meestal vindt infectie plaats via mens-op-menscontact of door het gebruik van besmet water.
De MID voor shigellosis is laag. Honderd cellen zijn voldoende om ziekte te veroorzaken. De ziekteverschijnselen zijn bloederige heftige verlopende diarree (dysenterie) en treden op 12 uur tot vier dagen na infectie. De ziekteduur varieert van drie tot 14 dagen.

Vibrio cholerae

Vibrio cholerae is een facultatief anaerobe, Gramnegatieve bacterie (kommavormige staafjes) die behoort tot de familie van de *Vibrionaceae*. *V. cholerae* is een zouttolerante, mariene bacterie. Cholera is een infectieziekte, veroorzaakt door deze bacterie.
Er bestaan verschillende serotypen; op dit moment wordt het merendeel van de ziektegevallen veroorzaakt door het biotype El Tor. In Nederland komt de ziekte uitsluitend als importziekte voor (0-10/jaar). De door dit micro-organisme veroorzaakte infectie heeft een MID van circa 10^2-10^3 cellen.

De mens raakt besmet door het nuttigen van besmet water of voedsel. Water wordt besmet door feces of braaksel van patiënten. De infectie kan zich ook verspreiden door het drinken of eten van onvoldoende verhitte melk of voedsel en groenten, die met besmet water in aanraking zijn geweest. Ook via honden en vliegen kan *V. cholera* verspreid worden. Direct contact met feces of braaksel van een patiënt is eveneens een besmettingsweg.

Besmetting wordt voorkomen door goede algemene hygiëne, vooral met betrekking tot drinkwater (handen goed wassen, voedsel goed koken, voorkomen van kruisbesmetting).

Vibrio parahaemolyticus
Vibrio parahaemolyticus is een facultatief anaerobe, Gramnegatieve bacterie (kommavormige staafjes) die behoort tot de familie van de *Vibrionaceae*. *V. parahaemolyticus* is een zouttolerante, mariene bacterie. Groei is mogelijk bij temperaturen tussen 8°C en 44°C, maar vindt met name plaats in warme kustwateren (> 15-20°C).
De bacterie is vaak aanwezig in alle soorten zeevis en schelp- en schaaldieren en kan – onder gunstige omstandigheden – snel uitgroeien. *V. parahaemolyticus* kan voedselinfectie veroorzaken door consumptie van besmette vis en schaal- en schelpdieren. De MID bedraagt 10^5-10^7 kve. Bij ziekte zijn de belangrijkste symptomen: diarree, buikkrampen, koorts, overgeven en misselijkheid. In Japan is *V. parahaemolyticus* naast *Salmonella* de belangrijkste veroorzaker van gastro-enteritis.

Yersinia enterocolitica
Yersinina enterocolitica is een psychrotrofe (groei mogelijk vanaf 4°C tot 44°C), facultatief anaerobe, Gramnegatieve bacterie (staafvormig) die behoort tot de familie van de *Enterobacteriaceae*. *Y. enterocolitica* komt in het bijzonder bij dieren voor. Enkele stammen van *Y. enterocolitica* zijn in staat voedselinfecties te veroorzaken bij mensen, met verschijnselen als koorts, (heftige) buikpijn en diarree. De buikpijn kan zo hevig zijn dat deze op een acute blindedarmontsteking lijkt.
De MID is hoog en bedraagt 10^9 cellen. *Y. enterocolitica* is aangetroffen in rauwe melk, mosselen, oesters, vlees, paté en in producten waarin de amandelen van varkens zijn verwerkt (in Nederland niet toegestaan). De bacterie kan in gekoelde levensmiddelen groeien. Eventueel risicovoedsel betreft gekoelde kant-en-klare 'Minimal Processed Foods': voedingsmiddelen met een langere bewaarduur waarbij sprake is van een combinatie van verschillende milde conserveertechnieken.

3.3.13 Virussen
Veel voedselinfecties worden door zogenaamde enterale of enterovirussen veroorzaakt. Dit zijn virussen die na orale opname (bijvoorbeeld via besmet voedsel of water) eerst in de maag en vervolgens in de darm terechtkomen. Na vermeerdering worden ze met de feces uitgescheiden.

De via voedsel overgedragen virussen zijn behoorlijk stabiel buiten de gastheer en kunnen lange tijd overleven op oppervlakken of in voedsel. Ook zijn ze goed bestand tegen ongunstige invloeden als lage pH en desinfectiemiddelen. Goed verhitten is eigenlijk de enige manier om deze virussen te inactiveren. Dit is wel afhankelijk van de verhittingstemperatuur en -duur en de voedselmatrix.

Meestal zijn de door voedsel overgedragen virussen het gevolg van een fecale besmetting, dit betekent dat het voedsel ergens in de keten is verontreinigd met geïnfecteerde menselijke fecesdeeltjes. Daarnaast is besmetting via braaksel mogelijk. Besmetting van voedsel kan zodoende optreden tijdens bereiding door geïnfecteerde personen, door contact met fecaal verontreinigd water of via besmette oppervlakken (braakseldeeltjes). Besmette producten zien er in het algemeen 'normaal' uit en ook de smaak blijft ongewijzigd. Afgezien van een infectie met deze virussen via voedsel, is besmetting via direct contact met geïnfecteerde personen ook een gebruikelijke besmettingsroute.

Virale voedselinfecties worden vooral geassocieerd met de consumptie van (rauwe) schaal- en schelpdieren (oesters, mosselen, kokkels) uit vervuild kustwater (lozing riool). Deze organismen filteren – samen met het voedsel – ook de virussen (en bacteriën) uit het water waardoor deze zich in de dieren ophopen. Andere bekende besmettingsbronnen zijn verse groente en fruit (via mest besmet of via opname door wortels van de plant) en rauwe melk.

Voor de preventie is een goede persoonlijk hygiëne van belang. Maar aangezien de MID van virusziekten laag is, kan – zelfs bij goede hygiëne – besmetting van mensen of voedsel niet altijd worden voorkomen.

Virale voedselinfecties worden voornamelijk veroorzaakt door twee typen virussen: het Norovirus (NoV) en het Hepatitis A-virus (HAV). Andere virussen die soms door voedsel worden overgedragen zijn: het rotavirus, het astrovirus en het Hepatitis E-virus. Aangezien virussen geen eigen stofwisseling bezitten, is vermeerdering alleen mogelijk in (levende) cellen van de gastheer. Afhankelijk van het soort virus vindt vermeerdering plaats in de darmcellen (NoV) of in de lever (HAV).

Hepatitis A-virus
Het HAV veroorzaakt hepatitis, dit is een acute ontsteking van de lever. Nadat virusdeeltjes in de darm terechtkomen, vindt vermenigvuldiging plaats in de

levercellen waarna het virus wederom in de darm belandt (in grote aantallen) en het lichaam via de feces verlaat.

De MID is niet exact bekend maar men gaat er vanuit dat deze laag is. Ook hier zijn 10 tot 100 virusdeeltjes waarschijnlijk al voldoende om ziek van te worden. De symptomen bij hepatitis zijn verlies van eetlust, algemene malaise, koorts en braken, gevolgd door geelzucht. In tegenstelling tot het NoV is de incubatietijd vrij lang en kan drie tot zes weken duren, dit hangt af van de opgenomen hoeveelheid virusdeeltjes. Bij kinderen jonger dan 5 jaar verloopt een infectie vaak symptoomloos. Met name bij volwassen kan het een lange tijd duren voordat men weer hersteld is. Het duurt soms maanden waarbij men moe en lusteloos is.

Norovirus

Het NoV veroorzaakt gastro-enteritis (ontsteking van maag en dunne darm). Kenmerkend is de lage MID, slechts 10 tot 100 deeltjes zijn al voldoende om ziekte te veroorzaken. De incubatietijd bedraagt circa 12-48 uur met als belangrijkste ziekteverschijnselen: (projectiel)braken, diarree, hoofdpijn, misselijkheid, buikkrampen en soms koorts. Gewoonlijk is men na een tot drie dagen weer hersteld van de infectie. Bij mensen met een verzwakte afweer kan de ziekte langer duren. Overigens is het mogelijk dat herstelde geïnfecteerde personen nog enkele weken virussen uitscheiden via de feces. Net als bij sommige andere voedselpathogenen is asymptomatisch dragerschap mogelijk.

Infecties met het Norovirus komen het hele jaar voor, maar vooral in de wintermaanden. Met name op plaatsen waar veel mensen dicht bij elkaar leven en er onderling intensief contact is (bijvoorbeeld in zorginstellingen als zieken- en verpleeghuizen), worden veel mensen geïnfecteerd. Zie artikel 3.10 als voorbeeld. Geschat wordt dat circa 60% van de NoV-infecties wordt veroorzaakt door direct contact met (herstelde) geïnfecteerde personen en 40% van de infecties via voedsel.

Artikel 3.10 Norovirus in ziekenhuis.

Norovirus in Lucas Andreas ziekenhuis
ANP

AMSTERDAM – Op drie afdelingen van het Sint Lucas Andreas Ziekenhuis in Amsterdam-West is een opnamestop ingesteld. Aanleiding zijn meerdere besmettingen door vermoedelijk een norovirus, liet het ziekenhuis maandag weten. Begin deze maand kampten enkele patiënten en medewerkers op de afdeling interne geneeskunde met braken en diarree, verschijnselen die kunnen wijzen op een norovirusinfectie. Het ziekenhuis stelde toen onmiddellijk een opnamestop in, die maandag kon worden opgeheven.

Afgelopen weekeinde bleek echter dat patiënten en personeel op de afdelingen neurologie, longziekten en acute opname dezelfde ziekteverschijnselen vertoonden. Daarom hanteert het ziekenhuis vanaf nu hier een opnamestop. Bovendien heeft het hospitaal verschillende maatregelen genomen om verdere besmetting te voorkomen. Zo verpleegt het patiënten die last hebben van braken of diarree in isolatie, tot drie dagen na het herstel. Medewerkers met klachten kunnen rekenen op een werkverbod tot drie dagen nadat ze beter zijn. Ook wordt het ziekenhuispersoneel gewezen op het belang van strikte naleving van de hygiënerichtlijnen.

Terwijl gezonde mensen gemiddeld een tot drie dagen ziek zijn door een norovirus, hebben kinderen, ouderen en zieken er soms langer last van. Het Sint Lucas Andreas verwacht dat de opnamestop zal duren tot enkele dagen nadat de laatste patiënt of medewerker is genezen.

Bron: Het Parool, 18 februari 2008.

3.3.14 Parasieten

Voedsel en water kunnen besmet zijn met tal van parasieten. Vooral in landen met slechte hygiënische omstandigheden is dat een groot probleem. Via de import van voedingsmiddelen neemt de kans toe dat voedsel in Nederland besmet raakt.

Parasieten worden onderverdeeld in protozoa en wormen (helminthes). Ze kennen een levenscyclus waarbij gebruik gemaakt wordt van een of meerdere tussen- en eindgastheren. Zowel mens als dier kunnen dienen als gastheer. Bij tussengastheren verplaatst de parasiet (een bepaald stadium van de levenscyclus) zich door het lichaam en nestelt zich ergens in het weefsel. Bij eindgastheren vindt vermeerdering in de darm plaats en worden (oö)cysten of eitjes met de feces uitgescheiden.

Protozoa
Protozoa zijn eukaryote eencellige organismen die, hoewel ze niet kunnen uitgroeien in voedsel, lang kunnen overleven in de vorm van een cyste. De infectueuze dosis van protozoën is meestal erg laag (minder dan 10 organismen).

Cysten, overlevingsvormen met een dikke celwand, zijn over het algemeen de enige infectieve vorm van protozoa. Zij zijn zodanig resistent dat ze de maag ongedeerd kunnen passeren. De meeste protozoa vermeerderen zich door ongeslachtelijke voortplanting, maar er zijn soorten die zich ook geslachtelijk voortplanten. In dat geval worden er oöcysten gevormd, die net als cysten erg resistent zijn tegen ongunstige invloeden.

De incubatieperiode van de ziekten veroorzaakt door protozoa varieert van 1-60 dagen, afhankelijk van het organisme. De symptomen van infecties kunnen zijn: buikkrampen, misselijkheid, overgeven, diarree, gewichtsverlies, algehele malaise, soms koorts en soms bloederige ontlasting (bij *Entamoeba*). Vooral in derdewereldlanden komen infecties veelvuldig voor door een slechte hygiëne, waarbij sprake is van een fecaal-orale overdracht. In de westerse wereld hebben vooral patiënten met een verminderd immuunsysteem veel last van protozoa-infecties. In Nederland is toxoplasmose de meest voorkomende infectie.

Protozoa in voedsel kunnen gedood worden door verhitten (temperaturen boven 60°C), bestralen en soms door invriezen gedurende een paar weken, hoewel dit laatste niet gegarandeerd alle (oö)cysten doodt.

Cryptosporidium
Deze protozoa kunnen zich – na opname van oöcysten – in de darm van zowel mens als dier vermeerderen. Daar vormen ze oöcysten die worden uitgescheiden in de mest of de ontlasting. Hierdoor vindt verdere verspreiding in de omgeving plaats. De oöcysten zijn zeer resistent en goed in staat ongunstige omstandigheden te overleven. Via met feces besmet (zwem)water of voedsel kunnen mensen geïnfecteerd raken. Na infectie duurt het circa twee tot vijf dagen voordat de oöcysten in de feces aantoonbaar zijn. Afhankelijk van de besmettingsgraad duurt de incubatieperiode circa een week.

Symptomen zijn hevige buikkrampen en (waterdunne) diarree. De ziekteduur bedraagt circa twee tot vier weken bij een goede afweer. Bij mensen met een verminderde afweer (AIDS-patiënten) kan de ziekte fataal aflopen.

Van cryptosporidiose zijn uitbraken bekend waarbij (veel) mensen ziek zijn geworden na een bezoek aan hetzelfde zwembad. Bij een infectie met lage aantallen kan de besmetting onopgemerkt verlopen.

Entamoeba histolytica

Deze protozo kan problemen veroorzaken via fecaal verontreinigd voedsel en water, door direct contact met besmette handen of voorwerpen of sexueel contact. Infecties kunnen jaren duren, zijn vaak symptoomloos of veroorzaken vage gastro-intestinale klachten. Ook kan dysenterie het gevolg zijn (heftig verlopende bloederige diarree). Infecties komen met name voor in de tropen, bij slechte hygiëne en bij homosexuele mannen. Met name mensen met een verminderde weerstand, zoals aids-patiënten, zijn gevoelig.

Giardia lamblia

Giardia lamblia kan gastro-enteritis bij de mens veroorzaken (giardiasis), met diarree als belangrijkste klacht. Met name kinderen tussen de vijf en veertien jaar zijn gevoelig voor besmetting. Op crèches is overdracht tussen kinderen onderling mogelijk en binnen een gezin kunnen meerdere personen besmet zijn. Asymptomatisch dragerschap is mogelijk. Uit onderzoek van een (gezonde) controlegroep bleek dat circa 2-5% van de mensen besmet was met deze parasiet.

Toxoplasma gondii

Toxoplasma gondii is de bekendste protozo die wereldwijd voorkomt. Vermeerdering van de parasiet vindt in katten plaats. Zij scheiden oöcysten uit met de feces en besmetten zo de omgeving. Na besmetting van andere dieren verplaatst de parasiet zich in het weefsel en vormt het weefselcysten. Deze cysten worden ook in landbouwhuisdieren als varkens aangetroffen. Ook bij de mens nestelt de parasiet zich in het lichaam en worden cysten gevormd.

Een besmetting met dit organisme (toxoplasmose) kan men oplopen door het eten van rauw of onvoldoende verhit vlees met weefselcysten of door contact met besmette kattenfeces (opname oöcysten). Verhitting van vlees gedurende enkele minuten bij 60°C zorgt voor inactivatie van de parasiet, door vers vlees in te vriezen wordt *Toxoplasma* ook afgedood (zie artikel 3.11 van RIKILT).

In Nederland wordt jaarlijks ongeveer 1% van de bevolking besmet met de parasiet. De meeste infecties verlopen symptoomloos, maar bij 15-20% treden griepachtige verschijnselen op die soms weken tot maanden kunnen aanhouden (incubatietijd 5-20 dagen). Als de infectie chronisch wordt, kan er een inwendige oogontsteking (chorioretinitis) ontstaan. Daarnaast zijn er aanwijzingen dat toxoplasmose een rol speelt bij het ontstaan van psychotische aandoeningen. Reactivatie van de infectie bij mensen met verminderde weerstand (immuungecomprommiteerden) kan leiden tot een dodelijke hersenontsteking.

Als vrouwen tijdens de zwangerschap voor het eerst met de parasiet geïnfecteerd raken, is besmetting van de foetus mogelijk. Dit kan ernstige gevolgen hebben voor het ongeboren kind zoals afwijkingen aan het zenuwstelsel en de ogen. Daarnaast kunnen miskramen of vroeggeboortes optreden. Geschat word dat jaarlijks 750 foetussen worden besmet waarvan circa 40 overlijden.
In Nederland wordt een verschuiving gezien in het doormaken van eerste infecties naar een leeftijd tussen de 25 en 44 jaar. Dit is juist de leeftijdscategorie die in Nederland samenvalt met het krijgen van kinderen.

Door de lange overlevingsduur van oöcysten in het milieu zijn werkzaamheden met grond en het eten van besmette rauwe groenten mogelijke risicofactoren.
Zwangeren wordt geadviseerd alleen vlees te consumeren dat door en door verhit is, handschoenen te dragen bij het werken in de tuin en de kattenbak dagelijks te verschonen (de oöcysten worden pas na 48 uur infectieus), bij voorkeur door een ander of met handschoenen aan.

Artikel 3.11 *Toxoplasma gondii* in de vleesketen.

Toxoplasmose houdt niet van vrieskou

WAGENINGEN – Onderzoekers van de Animal Sciences Group van Wageningen UR pleiten voor een veiligere vleesketen door het vlees van met toxoplasma besmette dieren in te vriezen. De parasiet sterft hierdoor af. Het hogere risico op besmetting bij veehouderijsystemen met een buitenuitloop wordt hiermee afgedekt.
'Controle van vlees op antistoffen tegen toxoplasma gaat een paar cent per kilo kosten', schat prof. Aize Kijlstra van de businessunit Veehouderij. 'Het is dezelfde routine die nu al wordt toegepast voor salmonella.' Vlees met toxoplasmose kan worden ingevroren en is daarna veilig voor consumptie. Het onbesmette vlees kan vers worden verkocht.

Kijlstra publiceerde een overzichtsartikel rond toxoplasmose in het vakblad Trends in Parasitology. Besmetting met deze ziekte wordt in verband gebracht met psychotische aandoeningenen en oogontsteking, en kan ernstige afwijkingen veroorzaken bij ongeboren kinderen. De European Food Safety Authority wil slachtvee daarom preventief laten screenen op aanwezigheid van de parasiet. 'De medicijnen tegen toxoplasmose zijn weinig effectief en dat maakt preventie van belang', constateert Kijlstra.

De besmetting verloopt via de uitwerpselen van katten, waarvan er in Nederland 3,4 miljoen rondlopen. De eitjes kunnen twee jaar buiten overleven. Ongeveer een kwart van de schapen is besmet met de parasiet. Bij varkens in de reguliere sector is de besmetting verwaarloosbaar, maar in de biologische- en scharrelsector niet. Alleen runderen blijken immuun. 'Lange tijd nam het aantal gevallen van toxoplasmose in Nederland af. Inmiddels is het gestabiliseerd op 200 duizend per jaar. De angst is dat het aantal weer gaat stijgen door nieuwe houderijsystemen met meer uitloop', vertelt Kijlstra.

Risicogroepen als zwangere vrouwen zijn vaak goed voorgelicht en weten dat ze op moeten passen met het eten van slecht doorbakken vlees. 'Maar onder moslims, die vaker schapenvlees eten, is veelal weinig bekend over de risico's. Sowieso weten de meeste mensen niet dat de besmetting vanuit het vlees via de handen of een mes kan worden overgebracht op ander voedsel. Je kunt daarom de preventie niet enkel aan de consument overlaten', meent Kijlstra. 'De boodschap is dat de vleessector dit moet oppakken.'

Bron: M. van den Hark, 30 oktober 2008.

Wormen

In voedsel voorkomende wormen zijn draadwormen (Nematoden) en platwormen (Cestoden). Voedingsmiddelen van dierlijke oorsprong vormen de voornaamste infectiebron (zie tabel 3.2).

Tabel 3.2 Kenmerken van wormen die voedselinfecties kunnen veroorzaken.

Organisme	Type	Gastheren
Anisakis simplex	Nematode	zeezoogdieren, haring, mens
Echinococcus multilocularis	Cestode	vossen, mens
Taenia saginata	Cestode	mens, koe
Taenia solium	Cestode	mens, varken
Trichinella spiralis	Nematode	varken, rat, mens

Wormen in voedsel hebben meestal meerdere gastheren nodig om hun levenscyclus te voltooien. Hoewel ze in het algemeen een complexere levenscyclus hebben dan protozoën, is de manier van overdracht overeenkomstig. Wormen kunnen cysten vormen die langere tijd kunnen overleven in spierweefsel of water.

Symptomen van worminfecties zijn koorts, vermoeidheid, overgeven, gewichtsverlies, diarree, buikpijn en spierpijn (trichinosis) maar er komen ook vrijwel asymptomatische infecties voor. Behandeling van worminfecties geschiedt meestal met specifieke medicijnen (antiwormmiddelen).

Het vaststellen van een worminfectie gebeurt vaak door het aantonen van eitjes of lintwormsegmenten in feces. Cysten kunnen worden aangetoond in weefselbiopsies. Soms wordt de aanwezigheid van antilichamen tegen parasieten in het bloed bepaald.

Anisakis

Anisakis simplex (haringworm) is een nematode die infecties kan veroorzaken door de consumptie van rauwe of onvoldoende verhitte vis (zoals kabeljauw, schelvis, haring) of zeevruchten. Klachten zijn tintelingen in de keel en erge buikpijn. Symptomen kunnen optreden binnen 1 uur tot 2 weken na consumptie van de besmette producten en duren normaal gesproken niet langer dan 3 weken.

Japan is het land waar de meeste *Anisakis*-infecties optreden. Oorzaak is de veelvuldige consumptie van rauwe vis. Ook in de Noordzeeharing kan de parasiet aanwezig zijn. Echter, sinds de verplichting tot massaal invriezen van de haring in 1971, is in Nederland geen anisakiasis meer voorgekomen.

Naast haringworm zijn er ook andere aan deze worm verwante soorten, die voorkomen in vele andere vissen zoals kabeljauw, schelvis, makreel en zalm. De Europese Unie heeft dan ook beslist dat alle vis die verkocht wordt om rauw of vrijwel rauw te worden gegeten of die koud wordt gerookt, eerst gedurende 24 uur moet worden diepgevroren (maximaal -20°C). Voor gemarineerde of gezouten vis geldt deze eis ook indien de bewerking niet leidt tot afdoding van de larven van de nematode (volgens Verordening (EG) 853/2004).

Echinococcus

Echinococcus multilocularis is de kleine lintworm van de vos, die ook de mens kan infecteren. Een besmetting met deze parasiet is erg gevaarlijk. De vos is de eindgastheer van deze lintworm en scheidt bij dragerschap eitjes uit in de feces. Veldmuizen en andere knaagdieren worden als tussengastheer gebruikt. Infectie van mensen vindt plaats door het eten van met eitjes besmette producten. In de darmen ontwikkelen zich larven uit de eitjes. Deze larven verspreiden zich vervolgens door het lichaam en komen met name in de lever terecht. Er worden cysten gevormd waar de larven zich in ontwikkelen (blaaswormen).

Consumptie van besmette producten kan leiden tot een zeer ernstige ziekte bij de mens: alveolaire echinococcose. Op korte termijn zijn niet direct symptomen waarneembaar. Op lange termijn echter wel. Het tast de lever aan wat op den duur leidt tot ernstige leverfunctieproblemen en mogelijk tot de dood na een periode van 10 tot 15 jaar.
De ziekte lijkt in gedrag sterk op leverkanker en wordt hier vaak mee verward. Op het moment dat zich klachten voordoen die weinig typisch zijn, zoals geelzucht, is chirurgie vaak al niet meer mogelijk door doorgroei in omliggende weefsels en bloedvaten. Alveolaire echinococcose kent een hoge mortaliteit (tot 70%).

Risicoproducten zijn bosvruchten als bramen en bessen, paddenstoelen en rauwe groenten, aangezien dit soort producten met de feces van vossen in contact kan komen. Aangeraden wordt het fruit en de groente goed te wassen en te verhitten voor consumptie.

Vooral in midden en centraal Europa zijn besmette vossen aangetroffen, maar ook in Zuid-Limburg en Oost-Groningen zijn vossen geïnfecteerd met percentages van respectievelijk 12% en 9%.
Tot eind 2008 is bij een mens de ziekte alveolaire echinococcose vastgesteld die mogelijk in Nederland besmet is geraakt.

Taenia
Taenia saginata (lintworm) is de ongewapende lintworm van de mens, die opgedaan wordt door het eten van met blaaswormen besmet rundvlees. Het rund is de tussengastheer van deze parasiet, mensen zijn eindgastheren. Vaak verloopt een infectie bij de mens symptoomloos of er zijn geringe klachten als: misselijkheid, braken, buikpijn en vermageren.
Omdat taeniase meestal vrij asymptomatisch is, is het moeilijk te bepalen hoe vaak het voorkomt. Er wordt geschat dat er zich circa 35.000 lintworminfecties per jaar voordoen in Nederland.

Als een *Taenia* cyste via voedsel in het maagdarmkanaal terechtkomt, ontwikkelt zich een larve die zich in de dunne darm hecht. Deze groeit uit tot een volwassen worm die 4-12 m lang kan worden en uit 1.000-2.000 segmenten bestaat. Ieder segmentje kan tot aantallen van 100.000 aan eitjes bevatten.

Deze eitjes komen vrij op het moment dat een segment volgroeid is en de worm loslaat. Zowel segmenten als eitjes worden door de gastheer uitgescheiden via de anus/feces.

Taenia solium is een blaasworm van het varken. Na een infectie van de mens via varkensvlees ontwikkelt zich, op soortgelijke wijze als hiervoor beschreven, een lintworm in de dunne darm. Daarnaast is besmetting met *T. solium* mogelijk door de inname van de eitjes van deze worm. Bijvoorbeeld als gevolg van de aanwezigheid van eitjes op handen of eitjes die via handen in voedsel terechtkomen.
In dat geval treedt de mens op als tussengastheer. Net als bij varkens worden dan blaasjes gevormd in het lichaam van de mens (cysticercosis). Bij *Taenia saginata* is dit niet mogelijk.
Als de blaaswormen vooral in de spieren voorkomen dan zijn er meestal weinig of geen symptomen (tenzij het er heel veel zijn), maar ernstige symptomen kunnen ontstaan als de blaasjes bijvoorbeeld in de hersenen of ogen terechtkomen. De tijd tussen infectie en het ontstaan van symptomen kan variëren van twee weken tot enkele jaren.

Trichinella

Er zijn 11 verschillende *Trichinella*-soorten beschreven waarvan *Trichinella spiralis* de bekendste en belangrijkste is. Deze soort kan zich handhaven in varkens, paarden, ratten en muizen.

Infectie van de mens vindt plaats door het eten van onvoldoende verhit vlees waarin zich ingekapselde larven van *Trichinella* bevinden (spiertrichinen). Deze larven groeien uit tot wormen in de dunne darm. Daar paren de mannelijke en vrouwelijke wormen waarna uit de vrouwtjes larven geboren worden. Deze larven verspreiden zich via de bloedbaan door het lichaam, nestelen zich in spieren en vormen een kapsel om de larve. Deze ingekapselde larven kunnen jarenlang levensvatbaar blijven.
De symptomen van trichinellose (ziekte veroorzaakt door *Trichinella*) zijn misselijkheid, braken en diarree als de larven het darmslijmvlies binnendringen. Bij verdere verspreiding door het lichaam treden klachten op als spierpijn, oedeem, hoofdpijn en pijnlijke lymfeknopen.

Trichinellose komt in Nederland niet meer vaak voor, maar is in veel landen nog een van de meest wijdverspreide door voedsel overgedragen parasitaire infectie. Vooral varkens in de Verenigde Staten, Canada en Oost-Europa kennen een hoog besmettingsniveau. In Frankrijk hebben in 1998 twee uitbraken plaatsgevonden met in totaal 550 ziektegevallen. Bij beide uitbraken bleek de oorzaak de consumptie van een besmet paardenkarkas.

Vroeger werd *Trichinella* vaak overgedragen doordat varkens voer kregen waarin resten van vlees verwerkt waren. Dit is nu niet meer toegestaan. In Nederland en Denemarken komt humane trichinellose alleen nog voor als importziekte. Alle Nederlandse varkenskarkassen en paarden, die in door de Europese Unie (EU) goedgekeurde slachthuizen geslacht worden, worden volgens EU-richtlijn 2003/99/EG onderzocht op de aanwezigheid van trichinen. Uit onderzoek van het Rijksinstituut voor Volksgezondheid en Milieu (RIVM) blijkt echter dat wilde zwijnen in toenemende mate besmet zijn met deze parasiet. Dit vormt een direct risico voor de volksgezondheid via consumptie van niet gecontroleerde wilde zwijnen.

3.3.15 Prionen

Prionen zijn geen micro-organismen maar infectieuze eiwitten. Ziekten veroorzaakt door prionen kunnen mogelijk worden overgedragen via voedsel. Voorbeelden van prionziekten zijn bovine spongiforme encefalopathie (BSE) en de nieuwe variant van de ziekte van Creutzfeldt-Jakob (vCJD). Naast BSE bij runderen komen prionziekten voor bij onder andere schapen (scrapie), mensen (de ziekte van Creutzfeldt-Jakob), herkauwers in dierentuinen, katachtigen en nertsen. De term prion werd twintig jaar geleden geïntroduceerd om een 'proteinaceous infectious particle' (proin werd prion) aan te duiden.

In 1985 werden in Groot-Brittannië de eerste koeien getroffen door BSE. De ziekte trad met name op bij volwassen runderen van 3 jaar en ouder. BSE begint met gedragsverandering, zoals afzondering, overgevoeligheid voor geluid, licht en andere prikkels, waarna geleidelijk verergering optreedt. Door een voortschrijdende verlamming leidt de ziekte uiteindelijk tot de dood.
Epidemiologische gegevens hebben duidelijk gemaakt dat BSE zich voornamelijk verspreidt door hergebruik van dierlijke eiwitten in de diervoeding. Als aanvulling op de voeding krijgen (melk)koeien vaak extra eiwitten in de vorm van krachtvoer. Een van de bronnen voor deze eiwitten is diermeel. Een verandering in het destructieproces van kadavers en slachtafval waarmee in Groot-Brittannië diermeel werd geproduceerd (waardoor onvoldoende reductie van de prionen plaatsvond), is waarschijnlijk verantwoordelijk geweest voor het ontstaan en de verspreiding van BSE.

BSE zou naar mensen overgedragen kunnen worden na het eten van met prionen besmet vlees. Een belangrijke aanwijzing hiervoor is het feit dat enkele jaren na het begin van de BSE-epidemie in Groot-Brittannië, bij mensen de ziekte vCJD werd aangetoond. Ten tijde van de BSE-epidemie verbleven zij in Groot-Brittannië.

De ziekte vCJD begint vaak – bij relatief jonge mensen (gemiddeld 29 jaar) – met depressies en soms schizofrenie-achtige psychoses. Hierna treden coördinatiestoornissen en geheugenverlies op, gevolgd door dementie en coma. De patiënt overlijdt uiteindelijk aan longinfecties. Het ziekteverloop duurt ongeveer 14 maanden.

3.4 Overzicht pathogenen

In de hierna volgende tabellen staan overzichten van de belangrijkste voedselpathogenen.

Tabel 3.3 Overzicht belangrijke bacteriële voedselpathogenen.

Pathogenen	Gram +/-[1]	Sporenvormer?[2]	O_2-behoefte[3]	VI/VV[4]	Opvallende kenmerken
Bacillus cereus	+	ja	aeroob	VI* en VV	vormt hittestabiel toxine, 2 ziektebeelden, spore voor overleving
Campylobacter	-	nee	micro-aerofiel	VI	lage MID (500 cellen), groei in voedsel niet waarschijnlijk
Clostridium botulinum	+	ja	anaeroob	VV	spore voor overleving, infantiel botulisme, vormt hittelabiel toxine
Clostridium perfringens	+	ja	anaeroob	VI**	spore voor overleving, hoge MID
Cronobacter sakazakii	-	nee	fac. anaeroob	VI	gevaarlijk voor prematuren/zuigelingen
Escherichia coli O157	-	nee	fac. anaeroob	VI	lage MID (10-100 cellen), zuurtolerant
Listeria monocytogenes	+	nee	fac. anaeroob	VI	groei <7°C mogelijk, gevaarlijk voor risicogroepen
Salmonella	-	nee	fac. anaeroob	VI	sommige salmonella's zijn zuurtolerant
Staphylococcus aureus	+	nee	fac. anaeroob	VV	± 50% mensen drager, indicator handhygiëne, toxine hittestabiel, MRSA-bacterie

[1] Grampositief (+) of Gramnegatief (-).
[2] Mogelijkheid sporen te vormen.
[3] Zuurstofbehoefte.
[4] Voedselinfectie (VI) of Voedselvergiftiging (VV).
*   Hier wordt een voedselinfectie vermeld, maar eigenlijk is het een toxico-infectie: er worden levende cellen opgenomen via de voeding. De bacterie kan vervolgens in de darm uitgroeien en het (exo)toxine vormen.
** Het gaat hier – net als bij B. cereus VI – om een toxico-infectie.

Tabel 3.4   Overzicht belangrijke niet-bacteriële voedselpathogenen (virussen, parasieten).

Pathogenen	Soort organisme	Besmettingsbronnen	Opvallende kenmerken
Norovirus	virus	rauwe schaal- en schelpdieren, verse groente en fruit, direct contact geïnfecteerde personen	lage MID (10-100 deeltjes)
Hepatitis A-virus	virus	rauwe schaal- en schelpdieren, verse groente en fruit, direct contact geïnfecteerde personen	lage MID (10-100 deeltjes)
Toxoplasma gondii	protozo	rauw of onvoldoende verhit vlees, contact kattenfeces, met kattenfeces besmette rauwe groenten	infectie vaak symptoomloos, eerste infectie tijdens zwangerschap gevaarlijk voor foetus
Anisakis simplex	worm	rauwe of onvoldoende verhitte vis	veel infecties in Japan (consumptie rauwe vis, sushi ed.)
Echinococcus multilocularis	worm	vers bosfruit, rauwe groenten uit omgeving waar vossen verblijven	lange incubatieperiode (10-15 jaar)
Taenia saginata	worm	rauw of onvoldoende verhit rundvlees	infectie vaak symptoomloos
Taenia solium	worm	rauw of onvoldoende verhit varkensvlees, directe inname eitjes via bijvoorbeeld handen	infectie vaak symptoomloos maar niet na ontwikkeling blaaswormen in hersenen of ogen
Trichinella spiralis	worm	rauw of onvoldoende verhit varkens- of paardenvlees	vlees onderzocht op aanwezigheid trichinen

3.5   Informatie op internet

Video's
NOVA Den Haag Vandaag (www.novatv.nl), Uitzendingen, Ziekenhuisinfectie vaak via patiënt:
http://www.novatv.nl/page/detail/uitzendingen/7508/Ziekenhuisinfectie%20vaak%20via%20pati%C3%ABnt#

Verloop voedselvergiftiging (www.ziekenhuis.nl), Voedselvergiftiging:
http://www.ziekenhuis.nl/index.php?cat=animaties&action=show&movie=195

Kennis

Centers for disease control and prevention (CDC, www.cdc.gov), Foodborne illness, General information:
www.cdc.gov/ncidod/dbmd/diseaseinfo/foodborneinfections_g.htm

Fooddata (www.fooddata.nl), Microbiologie, Algemene achtergronden:
http://www.fooddata.nl/Fooddata/content/category1.asp?catid=48

Food info (www.food-info.net), Vragen en antwoorden, Voedselveiligheid, Bacteriën (algemeen): www.food-info.net/nl/qa/bacteria.htm

Food info (www.food-info.net), Vragen en antwoorden, Voedselveiligheid, Voedselveiligheid (algemeen):
www.food-info.net/nl/qa/safety.htm

Rijksinstituut voor Volksgezondheid en Milieu (www.rivm.nl), Infectieziekten:
http://www.rivm.nl/cib/infectieziekten-A-Z/infectieziekten/

Voedsel en Waren Autoriteit (www.vwa.nl), Voedselveiligheid, Ziekteverwekkers:
www.vwa.nl/portal/page?_pageid=119,1640149&_dad=portal&_schema=PORTAL

3.6 Leervragen

1. Wat zijn de belangrijkste verschillen tussen een voedselinfectie en een voedselvergiftiging?
2. Welke producten zijn vaak betrokken bij voedselinfecties en/of vergiftigingen?
3. Welke twee pathogenen worden regelmatig op pluimveevlees aangetroffen? Veroorzaken zij een infectie of een vergiftiging?
4. Van *Bacillus cereus* zijn twee soorten ziekten bekend. Welke typen zijn dit en geef aan op welke wijze ze ziekte veroorzaken.
5. Noem de pathogeen die regelmatig bij mensen op de huid of in de neus voorkomt. Op welke wijze kan deze bacterie een voedselvergiftiging veroorzaken?

6. In het hierna volgende krantenbericht valt te lezen dat veel mensen ziek zijn geworden na besmetting met 'de gevreesde *Salmonella*-bacterie'. De (vermoedelijke) besmettingsbron wordt helaas niet vermeld.
Geef aan met welke voedingsmiddelen de aanwezigheid van *Salmonella* met name wordt geassocieerd en hoe of waar besmetting van het voedingsmiddel met de bacterie hoogstwaarschijnlijk plaatsvindt.
Overigens staat er ook een fout in het onderstaande bericht. Wat staat er onjuist vermeld?

Nederlanders ziek door salmonella

AMSTERDAM - In Duitsland zijn twintig leden van een Limburgse muziekvereniging met ernstige aandoeningen opgenomen in een ziekenhuis na een besmetting met salmonella. Vannacht kwamen nog eens twee touringcars uit Duitsland met 85 zieke muzikanten ons land binnen.
Veel slachtoffers zijn ernstig ziek na de besmetting met de gevreesde bacterie, die onder meer gepaard gaat met een ernstige vorm van buikloop. Vrijwel alle passagiers hebben een voedselvergiftiging opgelopen. Bekend is dat vooral ouderen kunnen sterven aan zo'n besmetting.
Het reisgezelschap van Harmonie St. Cecilia uit het Limburgse Swalmen verbleef enkele dagen in Bad Kissingen in Beieren. De leden die wel in staat waren terug te keren, deden dit onder medische begeleiding van artsen. De slachtoffers werden vannacht opgevangen in Swalmen. Diverse ziekenhuizen in de omgeving, onder meer in Venlo en Roermond, stonden paraat voor een eerste controle. Probleem echter is dat Nederlanders die in het buitenland iets hebben opgelopen, niet zomaar opgenomen kunnen worden in verband met een mogelijke besmetting van de MRSA-bacterie. Sommige slachtoffers zijn direct in quarantaine opgenomen. Dat betekent dat niemand erbij kan, zonder ontsmettende kleding te dragen.

Bron: Telegraaf, 17 juli 2006.

7. In het krantenbericht van vraag 6 wordt tevens melding gemaakt van de MRSA-bacterie. Wat is dit voor bacterie en waarom is deze zo gevaarlijk?
8. Listeriose is een ziekte die bij risicogroepen (personen met een verzwakte afweer) in 30-50% van de gevallen tot sterfte leidt. Beantwoord de volgende vragen:
   – Hoe heet de bacterie die listeriose kan veroorzaken?
   – Een infectie van een gezonde zwangere kan leiden tot griepachtige verschijnselen bij de vrouw zelf. Daarnaast is besmetting van het ongeboren kind mogelijk. Wat kan daarvan het gevolg zijn?

- Een bekend risicoproduct waar deze bacterie in aanwezig kan zijn, is rauwmelkse kaas.

Andere risicoproducten zijn producten die gedurende lange tijd in de koelkast worden bewaard. Geef aan waarom en noem enkele risicoproducten.

Zes doden door Lidl-kaas
Tom van der Meer

WENEN – In Duitsland en Oostenrijk blijken zeker zes mensen te zijn overleden door de met listeria besmette kaas van Lidl. De kaas is geproduceerd door het Oostenrijkse Prolactal. De zes stierven vorig jaar, maar hun overlijden werd pas kortgeleden in verband gebracht met de kaas, meldt het Oostenrijkse ministerie van Volksgezondheid. De kaas kwam uit de Oostenrijkse regio Stiermarken.
De twee kazen van het huismerk Reinhardshof dat Prolactal maakt voor Lidl, werden eind januari uit de schappen gehaald, nadat de Listeria-besmetting bekend werd. Toen staakte Prolactal de complete productie van de kaas direct. Vier van de zes slachtoffers waren Oostenrijkse bejaarden, de andere twee waren Duitsers. Zo'n twaalf mensen zijn ziek geworden van de Listeria monocytogenes-infectie. Door de lange incubatietijd kunnen nog meer slachtoffers vallen.

Bron: Eisma Voedingsmiddelenindustrie, 17 februari 2010.

9. Lees het onderstaande bericht uit het Infectieziektenbulletin.

Infantiel botulisme bij een zuigeling in de regio Zuidoost-Drenthe

Het Academisch Ziekenhuis in Groningen stelde begin maart 2002 infantiel botulisme vast bij een 2 maanden oud Chinees meisje afkomstig uit de regio Zuidoost-Drenthe. In het serum en de feces van het meisje was *Clostridium botulinum* toxine type A aangetoond. Hoewel in de honingmonsters geen *Cl. botulinum* kon worden aangetoond, is het aannemelijk dat honing de bron van besmetting was. Het meisje kreeg namelijk naast zuigelingenvoeding dagelijks honing. Het is de derde keer dat in Nederland een relatie wordt gelegd tussen infantiel botulisme en honing. De LCI heeft bij de Keuringsdienst van Waren aangedrongen op actie.

Bron: Tiessen, J.J., 2002.

Het meisje in bovenstaand bericht is na enkele dagen overleden. Infantiel botulisme (ook wel zuigelingenbotulisme genoemd) wordt veroorzaakt door de bacterie *Clostridium botulinum*. Men gaat ervan uit dat honing de boosdoener was. Al vaker heeft de inname van honing bij baby's geleid tot ziekte. Om deze reden wordt geadviseerd kinderen jonger dan 1 jaar geen honig te geven. Waarom kunnen alleen baby's jonger dan 1 jaar ziek worden en geef aan wat het probleem is van de honing?

Mensen kunnen ziek worden na inname van het door *C. botulinum* geproduceerde neurotoxine. Ondanks het feit dat deze bacterie algemeen voorkomt in de natuur, komt botulisme in Nederland nauwelijks voor, mede dankzij de zogenaamde 'botulinum cook' van volconserven. Dit houdt in dat conserven een zodanige hittebehandeling ondergaan dat eventueel aanwezige sporen worden gedood. Waarom is het zo belangrijk deze sporen te doden?

10. Virussen (met name het Norovirus) zijn in toenemende mate verantwoordelijk voor het optreden van voedselinfecties.
    Risicoproducten zijn schaal- en schelpdieren maar ook verse groenten en fruit. Beantwoord de volgende vragen:
    – Waar vindt vermeerdering van het virus plaats?
    – Wat is de Minimale Infectieuze Dosis (MID)?
    – Hoe kan dit virus worden geïnactiveerd als het in voedsel aanwezig is?
    – Hoe kunnen bovengenoemde producten besmet raken?
11. Lees het onderstaande bericht door.

Dode na legionella in ziekenhuis
Brian van der Bol

DEN HAAG – In het HagaZiekenhuis aan de Leyweg in Den Haag is gisteren een 78-jarige vrouw overleden aan de gevolgen van besmetting met de legionellabacterie. Drie andere patiënten zijn besmet. Een woordvoerder van het ziekenhuis heeft dat bevestigd.
De vrouw is waarschijnlijk besmet tijdens het douchen in het ziekenhuis. De bacterie is aangetroffen in een doucheblok op de afdeling waar de vier patiënten lagen. Na het overlijden van de vrouw heeft het ziekenhuis ook patiënten op andere afdelingen verzocht voorlopig geen gebruik meer te maken van de douche. Het ziekenhuis adviseert patiënten alert te zijn op klachten aan de luchtwegen en koorts.

Bron: NRC, 22 mei 2007.

Geef aan waarom het ongewenst is om in een ziekenhuis *Legionella* aan te treffen in het leidingwater.

12. In het hierna volgende bericht blijkt dat de bacterie *Cronobacter sakazakii* (voorheen *Enterobacter sakazakii* genoemd) verantwoordelijk is voor de dood van een baby. De afgelopen jaren zijn meerdere baby's overleden na een besmetting met deze bacterie. De bacterie komt algemeen voor in de omgeving en is normaal gesproken niet pathogeen. Infecties komen (voor zover bekend) alleen voor bij verzwakte zuigelingen of prematuren (te vroeg geboren baby's). Nestlé wordt verweten dat het etiket van het product te weinig informatie bevatte over het bewaren van bereide melk. Geef aan waarom dat zo belangrijk is.

Nestlé voor rechter voor dood baby

DENDERMONDE – Nestlé staat in België terecht wegens de dood in 2002 van een zeven dagen oude baby. De zuigeling overleed aan de Sakazakii-bacterie uit flessenmelk, die in het ziekenhuis vermoedelijk verkeerd was bewaard. Dat meldt de Belgische krant Het Nieuwsblad. Naast de producent van de babyvoeding Nestlé staat personeel van het Algemeen Stedelijk Ziekenhuis in Aalst terecht. Die zouden onvoldoende de hygiëne in acht hebben genomen. Bij controle bleek dat flessenmelk op een veel te hoge temperatuur werd bewaard.

Enterobacter Sakazakii

Volgens de krant bleek uit onderzoek van Nestlé zelf dat de Enterobacter Sakazakii in het product zat, maar dat het product wel binnen de norm bleef. Volgens het Belgische openbaar ministerie stond destijds op het etiket van het product te weinig informatie over de manier waarop de flessenmelk moest worden bewaard.

Bron: Eisma Voedingsmiddelenindustrie, 20 juni 2007.

Geraadpleegde bronnen

Anoniem, 'Bacterie oorzaak syndroom van Guillan-Barré', *de Volkskrant*, www.volkskrant.nl (3 december 1996).

Anoniem, 'MRSA in Amsterdams BovenIJ Ziekenhuis', *Nu.nl*, www.nu.nl (20 december 2007).

Anoniem, 'Veel Nederlandse schaatsers in Salt Lake ziek', *de Volkskrant*, www.volkskrant.nl (11 december 2009).

Anoniem, 'Nederlanders ziek door Salmonella', *De Telegraaf*, www.telegraaf.nl (17 juli 2006).

Anoniem, 'Salmonella eist drie doden in Zwolle', *Reformatorisch dagblad*, www.refdag.nl (13 oktober 2001).

Anoniem, 'Toxoplasma', *Wageningen Kennisonline*, www.kennisonline.wur.nl (maart 2010).

ANP, 'Norovirus in Lucas Andreas ziekenhuis', *Het Parool*, www.parool.nl (18 februari 2008).

ANP, 'Salmonellabesmetting in Twente door boerenkaas', *de Volkskrant*, www.volkskrant.nl (14 november 2006).

Boer, J.W., 'Westfriese Flora: een terugblik', *Infectieziektenbulletin*, 11, 3 (2000) p. 46-47.

Bol, B. van der, 'Dode na legionella in ziekenhuis', *NRC handelsblad*, www.nrc.nl (22 mei 2007).

Dijk, R., et al., *Microbiologie van voedingsmiddelen: Methoden, principes en criteria*, Noordervliet Media BV, Houten (2007) p. 150-152, 352, 362, 368, 369, 372, 392, 399, 407, 431, 520-521.

Essen, R., Ruiter, C. de, Wit, M. de, 'Massale voedselvergiftiging in het Kotterbos te Almere', *Infectieziektenbulletin*, 11, 10 (2000) p. 205-207.

Europese Commissie, 'Richtlijn 2003/99/EG van het Europees Parlement en de Raad van 17 november 2003 inzake de bewaking van zoönoses en zoönoseverwekkers en houdende wijziging van Beschikking 90/424/EEG van de Raad en intrekking van Richtlijn 92/117/EEG van de Raad', *Publicatieblad van de Europese Unie*, 12.12.2003, L 325/31-40.

Europese Commissie, 'Verordening (EG) Nr. 853/2004 van het Europees Parlement en de Raad van 29 april 2004 houdende vaststelling van specifieke hygiënevoorschriften voor levensmiddelen van dierlijke oorsprong', *Publicatieblad van de Europese Unie*, 25.6.2004, L226/22-82.

Feenstra, G., 'Gezond vlees is huisarbeid', *de Volkskrant*, www.volkskrant.nl (5 februari 2000).

Fiore, A.E., 'Hepatitis A transmitted by food', *Clinical Infectious Diseases*, 38, 5 (2004) p. 705-715.

Giessen, J.W.B. van der, Kortbeek, L.M., 'Is Echinococcus multilocularis een bedreiging voor Nederland?' *Infectieziekten bulletin*, 11, 6 (2000) p. 93-97.

Giessen, J.W.B. van der, 'Trichinella-infecties en de risico's verbonden aan het eten van wild', *Infectieziekten bulletin*, 12, 1 (2001) p. 1-4.

Hark, M. van den, 'Toxoplasmose houdt niet van vrieskou', RIKILT, www.rikilt.wur.nl (30 oktober 2008).

Havelaar, A.H., Duynhoven, Y.T.H.P. van, Pelt, W. van, 'Microbiologische ziekteverwekkers in voedsel, De determinanten en de gevolgen voor de gezondheid, Werkingsmechanismen van ziekteverwekkers', *Nationaal Kompas Volksgezondheid*, www.nationaalkompas.nl (december 2009).

Heuvelink, A.E., 'Enterobacter sakazakii in zuigelingenvoeding en andere producten', *Infectieziektenbulletin*, nr. 8, 18 (2007) p. 275-280.

Heuvelink, A.E., Heerwaarden, C. van, Zwartkruis-Nahuis, J.T.M., Oosterom, R., Edink, K., Duynhoven, Y.T.H.P. van, Boer, E. de, '*Escherichia coli* O157 infection associated with a petting zoo', *Epidemiology and Infection*, 129 (2002) p. 295-302.

ICMSF, *Microorganisms in Foods 5, Characteristics of microbial pathogens*, Blackie Academic & Professional, London (1996) p. 280-298.

Jay, J.M., Loessner, M.J., Golden, D.A., *Modern food microbiology*, seventh edition, Springer Verlag, New York (2005) p. 517-740.

Kandhai, M.C., Reij, M.W., 'Is Cronobacter (voorheen Enterobacter sakazakii) in poedervormige zuigelingenvoeding echt een risico?', *FIMM symposium syllabus*, Wageningen (18 december 2008).

Koopmans, M., Duizer, E., 'Foodborne viruses: an emerging problem', *International Journal of Food Microbiology*, 90, 1 (January 2004) p. 23-41.

KWR Water cycle Research Institute, 'Legionella', www.kwr.nl (december 2009).

Loo, I. van, et al., 'Emergence of Methicillin-Resistant Staphylococcus aureus of animal origin in humans', *Emerging Infectious Diseases*, vol. 13, no. 12 (2007) 1834-1839.

Ministerie van VWS, ministerie van LNV, 'Code voor hygiëne op kinderboerderijen in Nederland', www.vwa.nl (2004) 15 p.

Montville, T.J., Matthews, K.R., *Food microbiology, An introduction*, second edition, ASM Press, Washington (2008) p. 97-333.

Nederlandse Vereniging voor Parasitologie, NVP Parasieteninfecties: humaan, www.parasitologie.nl (december 2009).

Pelt, W. van, Visser, G., 'Zoonoses and zoonotic agents in humans, food, animals and feed in the Netherlands 2002', www.vwa.nl (februari 2005).

Pelt, W. van, Wannet, W.J.B., Giessen, A.W. van de, Mevius, D.J., Koopmans, M.P.G., Duynhoven, Y.T.H.P. van, 'Trends in gastro-enteritis van 1996 tot en met 2004', *Infectieziektenbulletin*, 16, 7 (2005) p. 250-256.

Pielaat, A., Fricker, M., Nauta, M.J., Leusden, F.M. van, 'Biodiversity in Bacillus cereus', *RIVM report* 250912004/2005, Bilthoven (2005).

RIVM, 'Ziek door dier', www.rivm.nl/ziekdoordier/zoon_op_rij (maart 2009).
RIVM, 'Infectieziekten', www.rivm.nl/cib/infectieziekten-A-Z/infectieziekten (maart 2010).
Samson, R.A., Hoekstra, E.S., Frisvad, J.C., *Introduction to food- and airborne fungi*, seventh edition, Centraalbureau voor Schimmelcultures, Utrecht (2004) p. 321-330.
Schreuder, B.E.C., Gool, W.A. van, Smits, M.A., Keulen, L.J.M. van, Osterhaus, A.D.M.E., 'Prionen', *Cahier Bio-Wetenschappen*, 20, nr. 2 (1999).
Simjee, S., *Foodborne diseases*, Humana Press Inc, Totowa, New Yersey (2007) p. 1-381.
Suijkerbuijk, A.W.M., 'Voedselinfectie onder schoolkinderen door rauwe melk', *Infectieziektenbulletin*, 16, nr. 5 (2005).
Tiessen, J.J., *Infectieziektenbulletin*, jaargang 13, nummer 6 (2002) p. 225.
U.S. Department of Health and Human Services, Centers for Disease Control and Prevention, division of parasitic diseases, www.dpd.cdc.gov/dpdx/ (March 2010).
U.S. Department of Health and Human Services, Centers for Disease Control and Prevention, 'Hepatitis A information for health professionals', www.cdc.gov/hepatitis/HAV (December 2009).
U.S. Department of Health and Human Services, Food and Drug Administration, 'Foodborne Pathogenic Microorganisms and Natural Toxins Handbook', Hepatitis A Virus, Bad Bug Book, www.fda.gov/Food/Foodsafety/FoodbornIlness (December 2009).
Voedingsmiddelenindustrie, 'Nestlé voor rechter voor dood baby', Eisma Voedingsmiddelenindustrie, www.evmi.nl (20 juni 2007).
Vogelpoel, 'Toastjes met vis kosten Simon Vroemen EK-finale', Sporttribune, www.sporttribune.nl (11 augustus 2006).
VWA, Kennisbank Voedselveiligheid, Voedsel en Waren Autoriteit, www.vwa.nl (maart 2010).
VWA, 'Vaak te veel mycotoxinen in levensmiddelen aangetroffen', Voedsel en Waren Autoriteit nieuwsbericht, www.vwa.nl (26 juli 2007).
VWA, 'Voedselveiligheid, Mycotoxinen', Voedsel en Waren Autoriteit, www.vwa.nl (maart 2009).
VWA, 'Voedselveiligheid en Levensmiddelenwetgeving', Voedsel en Waren Autoriteit, www.vwa.nl (maart 2009).
VWA, 'Voorverpakte gerookte vis risico voor zwangeren', Voedsel en Waren Autoriteit nieuwsbericht, www.vwa.nl (17 juli 2007).

Westerlaken, M., *Biologische mechanismen achter bestrijding van Legionella*, Universiteit Utrecht, Wetenschapswinkel Biologie, Leerstoelgroep microbiologie (september 2006) 28 p.

4 Wetgeving, voedselveiligheidssystemen en levensmiddelenhygiëne

4.1 Inleiding

Veilig voedsel is niet altijd vanzelfsprekend. Het vóórkomen van pathogene micro-organismen in voedsel, hangt af van de beheersing van de veiligheid in de gehele keten: vanaf de primaire productie tot en met de bereiding in de keuken.

Ziekteverwekkende micro-organismen kunnen op verschillende plaatsen in deze keten worden geïntroduceerd. Gelukkig zijn er verschillende mogelijkheden om besmetting te voorkomen en/of de mate van besmetting te verminderen. Denk bijvoorbeeld aan maatregelen als werken met schone kleren, dragen van haarnetjes, handen wassen, niet niezen of hoesten en het werken met veilige grondstoffen (vrij van pathogenen). Daarnaast zijn maatregelen te nemen waarmee reductie van het aantal micro-organismen plaatsvindt (verhitten) of waardoor verdere uitgroei wordt verhinderd (koelen).

In het algemeen zijn voedingsmiddelen die bij de bereiding een verhittingsstap hebben ondergaan minder riskant dan rauw gegeten levensmiddelen. Indien voedsel rauw in de keuken wordt gebracht bestaat de kans op kruisbesmetting in de keuken, waardoor andere onderdelen van de maaltijd (bijvoorbeeld salade) worden besmet.

Om de veiligheid van voedsel te vergroten zijn voedselveiligheidssystemen ontwikkeld. Daar waar beroepsmatig met voedsel wordt gewerkt (productie, verwerking of distributie), is men wettelijk verplicht zich te houden aan een voedselveiligheidssysteem. Doel ervan is dat er alleen veilig voedsel wordt geproduceerd en aangeboden aan de consument (van grond tot mond).

De consument kan zelf slechts voor een deel de veiligheid van voedingsmiddelen beïnvloeden. Bijvoorbeeld door op de juiste wijze om te gaan met bederfelijke voedingsmiddelen (hygiënisch werken, kruisbesmetting voorkomen, goed koelen en/of verhitten) of door het opvolgen van de bereidingsadviezen.

Hazard Analysis Critical Control Points (HACCP) is zo'n voedselveiligheidssysteem. Het is aan het eind van de jaren zestig ontwikkeld door Pillsbury Company (Verenigde Staten) op verzoek van de NASA. De NASA wilde er zeker van zijn dat het voedsel tijdens ruimtevluchten absoluut veilig was, zodat de astronauten geen voedselinfectie of -vergiftiging zouden oplopen.

Daarna is het HACCP-systeem verder uitgewerkt voor de levensmiddelenindustrie (wereldwijd). Dit heeft er onder andere toe geleid dat in Nederland op 14 december 1995 de Warenwetregeling 'Hygiëne van Levensmiddelen' in werking is getreden. Hiermee werden levensmiddelenbedrijven verplicht te werken met een voedselveiligheidssysteem gebaseerd op de principes van HACCP. Met ingang van 1 januari 2006 is nieuwe Europese wetgeving met betrekking tot de hygiëne van levensmiddelen (en diervoeders) in werking getreden. Deze wetgeving moet zorgen voor een nog veiliger en transparanter systeem voor de productie van levensmiddelen en diervoeders.

4.2 Voedselveiligheidswetgeving

Naar aanleiding van verscheidene crisissen publiceerde de Europese Commissie in 2000 het Witboek Voedselveiligheid met doelstellingen en 84 actiepunten voor een verbetering van de voedselveiligheid. Een van deze actiepunten was het schrijven van een algemeen kader dat ten grondslag moest liggen aan alle andere wetgeving die met voedselveiligheid te maken had. Dit kader is de Algemene Levensmiddelen Verordening (ALV, ook wel bekend onder de Engelse naam General Food Law) en is op 1 januari 2005 in werking getreden. De andere actiepunten zijn ook uitgewerkt en vertaald in een hygiëneverordening voor levensmiddelen (verordening (EG) nr. 852/2004), een hygiëneverordening voor levensmiddelen van dierlijke oorsprong (verordening (EG) nr. 853/2004) en een controleverordening voor de overheid (verordening (EG) nr. 854/2004). Tevens is een verordening opgesteld (verordening (EG) 2073/2005) waarin microbiologische criteria voor levensmiddelen staan vermeld. Al deze verordeningen zijn vanaf 1 januari 2006 van kracht.

Er zijn Europese regels voor alle aspecten van de voedselproductie, waaronder:
- ongewenste stoffen en verontreinigingen;
- productiemethoden (invriezen, doorstralen);
- etiketteren en verpakken;
- toevoegingen (kleur-, geur- en smaakstoffen).

Onder de voedselveiligheidswetgeving vallen nu de gehele primaire en secundaire sector. De primaire sector omvat de productie, het fokken en telen van primaire producten tot aan het slachten, inclusief de jacht, visvangst en oogst van producten uit het wild. De secundaire sector omvat alle processen die daarna plaatsvinden tot en met het moment van verkoop. In elk stadium van deze keten is de producent verantwoordelijk voor de veiligheid van het product en dit geldt ook voor ondernemers in de diervoedersector.

Verder is het belangrijk dat alle bedrijven die levensmiddelen en/of diervoeder produceren, verwerken, opslaan, vervoeren of verhandelen zich moeten registreren. De overheid heeft zo een volledig en actueel beeld van bedrijven die zich bezig houden met levensmiddelen en diervoeders.

Hierna volgt een overzicht van de regelgeving voor levensmiddelenbedrijven. Binnen dit zogenoemde hygiënepakket heeft de Voedsel en Waren Autoriteit (VWA) een centrale rol als toezichthouder. Alle EG-verordeningen zijn opvraagbaar bij de website van EUR-lex (http://eur-lex.europa.eu/nl/index.htm). Deze website geeft rechtstreeks toegang tot het recht van de Europese Unie.

Verordening (EG) nr. 852/2004

Deze verordening betreft levensmiddelenhygiëne. Alle levensmiddelenbedrijven moeten zich registreren en beschikken over een bewakingssysteem voor het waarborgen van de voedselveiligheid. Dit bewakingssysteem is gebaseerd op de HACCP-principes. Bedrijven mogen ook gebruik maken van een goedgekeurde hygiënecode als deze is opgesteld door hun brancheorganisatie.

Verordening (EG) nr. 853/2004

Verordening (EG) nr. 853 bevat extra hygiënevoorschriften voor levensmiddelen van dierlijke oorsprong. Deze aanvullende voorschriften zijn specifiek bedoeld voor verwerkte en onverwerkte producten van dierlijke oorsprong, zoals vlees(producten), vis, zuivel en eieren. Deze bedrijven zijn wettelijk verplicht om over een erkenning te beschikken. Deze erkenning moet vervolgens op het etiket van verpakte producten (van dierlijke oorsprong) worden vermeld. Het betreft een ovaal waarin vermeld staan: het erkenningsnummer, het land van herkomst en EG of CE. Zie voor enkele voorbeelden figuur 4.1.

Figuur 4.1 Enkele voorbeelden van erkenningsovalen.

Verordening (EG) nr. 854/2004

Deze verordening betreft specifieke voorschriften voor de organisatie van de officiële controles van voor menselijke consumptie bestemde producten van dierlijke oorsprong. De wet stelt extra eisen aan officiële controles van producten van dierlijke oorsprong. De wet geeft een omschrijving van het takenpakket van de bevoegde autoriteit (de VWA) en stelt opleidingsvoorwaarden vast voor officiële dierenartsen en assistenten.

Verordening (EG) nr. 2073/2005

Exploitanten van levensmiddelenbedrijven moeten, voor zover van toepassing, voldoen aan de microbiologische criteria voor levensmiddelen die vastgesteld zijn in verordening (EG) nr. 2073/2005. In deze verordening zijn microbiologische criteria voor levensmiddelen opgenomen, waarbij een onderscheid is gemaakt tussen voedselveiligheidscriteria en proceshygiënecriteria.

Proceshygiënecriteria zijn criteria die aangeven of het productieproces hygiënisch verloopt en dienen ter verificatie van het HACCP-systeem (zie hierna bij 4.3)
Voedselveiligheidscriteria zijn opgesteld voor pathogenen en gelden alleen voor producten die bestemd zijn voor de consument. Het zijn criteria waarmee de veiligheid van het voedsel wordt gegarandeerd. Een overschrijding van zo'n criterium betekent een risico voor de volksgezondheid. Als dit plaatsvindt, moet direct actie worden ondernomen om te voorkomen dat deze producten worden geconsumeerd (recall, producten uit de handel nemen, zie ook onder 4.6.2).

Belangrijke voedselveiligheidscriteria zijn onder andere opgesteld voor *Listeria monocytogenes*. Zo geldt bijvoorbeeld voor producten waarop *L. monocytogenes* mogelijk kan uitgroeien, als criterium een grenswaarde van 100 kolonievormende eenheden (kve) per gram. Dit criterium geldt voor in de handel gebrachte producten, voor de duur van de houdbaarheidstermijn.
In artikel 4.1 staat een voorbeeld vermeld van een terughaalactie. Er wordt vacuüm verpakte gerookte haringfilet uit de handel gehaald vanwege overschrijding van een bacteriële norm. Alhoewel de naam van de bacterie en het criterium niet worden vermeld, gaat het hoogstwaarschijnlijk om het voedselveiligheidscriterium voor *L. monocytogenes* zoals hierboven aangegeven. Deze bacterie is namelijk goed in staat om in dit soort producten uit te groeien (geen zuurstof aanwezig, bewaard bij <7°C) en risicogroepen worden gewaarschuwd.

Artikel 4.1 Terughaalactie vacuüm verpakte gerookte haringfilet.

Ouwehand haalt twee merken vacuüm verpakte gerookte haringfilet uit de handel. De bacteriële norm in de producten is overschreden.

Risicogroepen zoals zwangeren, ouderen en mensen met een verzwakt immuunsysteem die de vis eten, kunnen gezondheidsklachten krijgen.
Het gaat om de vacuümverpakte, gerookte haringfilet van het merk Ouwehand met een blauwgroen etiket en het opschrift 'haring-filet (brado's) lichtgerookt' en Vismarine met een licht- en donkerblauw etiket met het opschrift 'Gerookte haringfilet brado's'. Op beide etiketten staat in een cirkel het EG-nummer NL 6635, het gaat om producten met de houdbaarheidsdatum 07-11-2007 of eerder. Ouwehand heeft de VWA en de supermarkten die de vis verkopen, inmiddels ingelicht.

Bron: Consumentenbond, februari 2010.

Aanvullende wetgeving

Afgezien van deze in Europa geldende verordeningen, kent Nederland aanvullende wetgeving met betrekking tot de voedselveiligheid. Zo is er het Warenwetbesluit Bereiding en behandeling van levensmiddelen (BBL) en het Warenwetbesluit Hygiëne van levensmiddelen.
Het Warenwetbesluit BBL bevat voorschriften met betrekking tot de hygiëne tijdens de bereiding en behandeling van voedsel. Een voorbeeld hiervan zijn de voorschriften voor de wijze waarop pluimveevlees aan consumenten moet worden verkocht (alleen verpakt en met waarschuwing op het etiket ten aanzien van schadelijke bacteriën). Ook staan hier aanvullende microbiologische criteria vermeld in het geval deze niet in EG-verordening 2073/2005 zijn opgenomen.
Het Warenwetbesluit Hygiëne van levensmiddelen bevat voorschriften voor het omgaan met de Europese hygiëneverordeningen. Daarnaast zijn microbiologische criteria opgenomen voor het verhandelen van rauwe melk rechtstreeks aan de consument (zie artikel 4.2).

Artikel 4.2 Microbiologische criteria rauwe melk.

1. Rauwe koemelk, bestemd voor directe aflevering aan particulieren, is uitsluitend aanwezig:
    1. op het bedrijf van de melkveehouder waar die melk gewonnen is; en
    2. in een recipiënt die niet geschikt is om met de inhoud afgeleverd te worden aan particulieren; en voldoet aan de volgende eisen:

> a. kiemgetal bij 30 °C ≤ 50.000 per ml[1];
> b. Staphylococcus aureus (per ml): m=100, M=500, n=5, c=2[2]; en
> c. Salmonella is afwezig in 25 g: n=5, c=0.
>
> [1] Meetkundig gemiddelde, geconstateerd over een periode van twee maanden, met ten minste twee monsternemingen per maand.
> [2] n: aantal eenheden waaruit een monster bestaat;
>   m: drempelwaarde voor het aantal bacteriën: het resultaat is bevredigend als het aantal bacteriën in alle eenheden gelijk is aan of groter is dan m;
>   M: maximumwaarde voor het aantal bacteriën: het resultaat is onbevredigend als het aantal bacteriën in één of meer eenheden gelijk is aan of groter is dan M;
>   c: aantal eenheden waarin het aantal bacteriën mag liggen tussen m en M, en waarbij het monster nog aanvaardbaar is als het aantal bacteriën in de andere eenheden gelijk is aan of kleiner is dan m.
>
> 2. De in het eerste lid bedoelde melk wordt, wanneer zij niet binnen twee uur na het melken aan de consument wordt verkocht, gekoeld tot:
>   a. indien die melk binnen 24 uur na het melken verkocht wordt: een temperatuur van 8 °C of lager;
>   b. indien die melk niet binnen 24 uur na het melken verkocht wordt: een temperatuur van 6 °C of lager.
>   Op of in de directe omgeving van de in het eerste lid bedoelde recipiënt wordt duidelijk leesbaar de volgende vermelding gebezigd: RAUWE MELK VOOR GEBRUIK KOKEN.

Bron: Warenwetbesluit Hygiëne van levensmiddelen, artikel 8, maart 2010.

4.3 Hazard Analysis Critical Control Points (HACCP)

Bedrijven die zich bezig houden met de productie, verwerking of distributie van levensmiddelen zijn verplicht om op basis van EG-verordening 852/2004 voedselveiligheidsprocedures op te zetten gebaseerd op de principes van HACCP. Dit geldt niet alleen voor de grote levensmiddelenbedrijven maar ook voor de bakker en de slager op de hoek en daar waar maaltijden worden bereid. Denk bijvoorbeeld aan instellingskeukens, bedrijfsrestaurants en sport- en schoolkantines. Belangrijk daarbij is dat de verantwoordelijkheid voor de voedselveiligheid berust bij de exploitant van het levensmiddelenbedrijf.

Het opstellen van een HACCP-systeem vraagt specifieke kennis en veel tijd. Bij veel kleinere, branchespecifieke ondernemingen is deze kennis vaak niet aanwezig en/of heeft men geen tijd om een HACCP-systeem op te zetten. Voor deze ondernemingen zijn hygiënecodes ontwikkeld door branche- en sectororganisaties. In een hygiënecode is een HACCP-systeem opgezet en uitgewerkt voor een specifieke branche of sector. Bedrijven die daaronder vallen mogen vervolgens werken met een (goedgekeurde) hygiënecode (zie 4.5 Hygiënecodes, voor meer informatie).

Bij HACCP wordt het hele productieproces nagelopen op mogelijke gevaren voor de voedselveiligheid. Deze gevaren worden benoemd en er moet worden aangegeven hoe de daaraan verbonden risico's worden beheerst. Hierna volgt meer uitleg over de verschillende begrippen van Hazard Analysis Critical Control Points.

Hazard
Een 'hazard' is een gevaar dat in een product aanwezig kan zijn en vervolgens een bedreiging voor de gezondheid van de consument kan vormen. Het gaat daarbij om:
- microbiologische gevaren met name: bacteriën, schimmels en virussen (zie hoofdstuk 3);
- chemische gevaren waaronder: mycotoxinen, milieucontaminanten, bestrijdingsmiddelen en reiniging- en desinfectiemiddelen (zie hoofdstuk 5 en 6);
- fysische gevaren: glas, botdeeltjes, scherpe metaal- of houtdeeltjes (zie hoofdstuk 7).

Deze gevaren kunnen in grondstoffen aanwezig zijn of kunnen tijdens bereiding, behandeling, verpakking en vervoer van (onderdelen van) levensmiddelen in voedsel terechtkomen en – in geval van micro-organismen – uitgroeien.

Bij de microbiologische gevaren spelen intrinsieke en extrinsieke factoren een belangrijke rol met betrekking tot overleven, groeien of afsterven van micro-organismen in levensmiddelen. Intrinsieke factoren zijn de producteigen factoren. Denk bijvoorbeeld aan de zuurgraad, de wateractiviteit en de aanwezigheid van conserveermiddelen. Extrinsieke factoren zijn de factoren van buitenaf, bijvoorbeeld de temperatuur en de gassamenstelling rondom het product.
Voor elk product zijn deze in- en extrinsieke factoren wisselend, waardoor ook de microbiologische risico's per product verschillend zijn. Met behulp van modelstudies is het mogelijk de microbiologische veiligheid van een product te berekenen. Op grond van het verkregen inzicht kan de procesbeheersing worden verbeterd.

In tegenstelling tot microbiologische gevaren kunnen chemische en fysische gevaren in het algemeen niet door processtappen als pasteuriseren of steriliseren worden uitgeschakeld. Het is meestal alleen mogelijk om chemische en fysische verontreinigingen in levensmiddelen te beperken door een strikte bewaking van de keten van grondstof tot consumptie (onder andere door metaaldetectie). In dit traject kunnen de (ruwe) grondstoffen verontreinigd worden van buitenaf, maar ook door behandelingen die de grondstoffen in het productieproces ondergaan.

Analysis
'Analysis' staat voor het analyseren van de mogelijk aanwezige gevaren (geïdentificeerde hazards). Er moet een inschatting gemaakt worden van het risico. Dit is een combinatie van de kans dat het gevaar zich daadwerkelijk voordoet in het eindproduct en van de gevolgen voor de gezondheid van de consument, indien dit zou gebeuren. Het is dus belangrijk om rekening te houden met de frequentie en ernst van het gevaar (kans x ernst = risico).

Critical Control Points
Na voorgaande systematische analyse zijn alle reële gevaren benoemd. Vervolgens is het essentieel deze gevaren te beheersen: op welke wijze worden de hazards voorkomen, of gereduceerd tot een acceptabel niveau.
Deze beheersing wordt verkregen door het vaststellen van specifieke punten in het proces, waar het gevaar beheerst kan worden. Door het vaststellen van concrete grenzen bij kritische beheerspunten (CCP's) en deze systematisch te bewaken, wordt een borging van de voedselveiligheid verkregen. Daarbij worden grenzen bewaakt als tijd, temperatuur, vochtgehalte, pH en wateractiviteit maar ook van sensorische eigenschappen zoals uiterlijk en textuur.

HACCP-principes
HACCP is dus een preventief systeem. Door de gezondheidsrisico's in bereidings- en behandelingsprocessen op te sporen en deze vervolgens beheersbaar te maken, wordt de veiligheid van het product verhoogd.
HACCP is geen tastbare handleiding met voorschriften, maar een systeem dat op zeven principes gebaseerd is. Bedrijven dienen dit systeem uit te werken naar hun eigen situatie. Ze geven daarbij zelf aan waar en in welke fase van de productie- en/of distributieprocessen er gevaren voor de gezondheid van de consumenten zouden kunnen ontstaan. Tevens leggen zij vast welke maatregelen er genomen worden om bedreiging van de gezondheid van de

consument te voorkomen, welke controles uitgevoerd worden en wat de resultaten zijn.

De HACCP-principes bestaan uit de volgende 7 onderdelen:
1. Bepaal alle mogelijke gevaren van de processen die binnen het bedrijf worden uitgevoerd. Ga na in hoeverre deze gevaren zich kunnen voordoen.
2. Bepaal de kritische beheerspunten (CCP's). Dit zijn punten in het proces waar het risico kan worden voorkomen, geëlimineerd of tot een aanvaardbaar niveau kan worden teruggebracht. Beheersing (en controle) van deze punten is essentieel om alle risicosituaties uit te sluiten of te minimaliseren.
3. Geef per CCP de kritische grenzen aan. Dit zijn de eisen en toegestane afwijkingen waarmee een effectieve controle van de CCP's wordt gewaarborgd.
4. Monitoring van de CCP's. Stel vast hoe de CCP's bewaakt worden (controle).
5. Leg de correctieve maatregelen vast per CCP. In deze maatregelen staat wat voor actie moet worden genomen wanneer tijdens een controle blijkt dat een CCP niet aan de vastgestelde norm voldoet. De maatregelen moeten leiden tot herstel van de veiligheid.
6. Verificatie. Stel procedures op om te verifiëren en te controleren of het HACCP-systeem effectief functioneert. Het is een periodieke controle om na te gaan of de beheersing van een CCP goed is en deze controle laat zien of de werkwijze tot voldoende veiligheid leidt.
7. Houd documentatie en registraties bij. Documentatie wil zeggen dat de systeemopzet vastgelegd wordt. Registratie is het verplicht vastleggen van bepaalde onderdelen van de systeemuitvoering.

4.4 Hygiënecodes

In de praktijk is er bij de naleving van het HACCP-systeem een verschil in aanpak tussen de industriële sector (meestal fabrieken) en kleinere ondernemingen, zoals ambachtelijke bedrijven, horeca en detailhandel. In de industriële sector zal een bedrijf zelf een bewakingssysteem opzetten.
Kleinere ondernemingen hebben als mogelijkheid aan de HACCP-plicht te voldoen door gebruik te maken van een sectorspecifieke hygiënecode.
Deze hygiënecodes worden centraal door branche- en sectororganisaties opgesteld ten behoeve van hun achterban. In deze hygiënecodes worden de

kritische punten volgens het HACCP-systeem vastgesteld. Deze punten dienen vervolgens door de ondernemers in de betreffende sectoren te worden bewaakt, inclusief monitoring van CCP's, verplichte registraties, correctieve acties (indien nodig) en periodieke verificatie.

Een hygiënecode mag pas gebruikt worden als deze door de minister van Volksgezondheid, Welzijn en Sport (VWS) is goedgekeurd. Na 3 tot 5 jaar worden bestaande codes geëvalueerd, waarbij ook de mate van gebruik en de bruikbaarheid in de praktijk worden bekeken. Op grond hiervan en op basis van nieuwe inzichten en eventueel nieuwe gevaren in de sector, worden codes verbeterd, waarna de goedkeuring van de minister wordt verlengd.

Enkele voorbeelden van hygiënecodes zijn:
– Hygiënecode voor de voedingsverzorging in zorginstellingen en Defensie;
– Hygiënecode voor de contractcatering;
– Hygiënecode voor de horeca.

Een overzicht van alle hygiënecodes is te vinden op de website van de VWA (www.vwa.nl).

De belangrijkste risico's in de ambachtelijke bedrijven, horeca en verkoopplaatsen zijn voedselinfecties en voedselvergiftigingen door besmetting met pathogene micro-organismen in producten, meestal in combinatie met uitgroei van deze pathogenen. Zodoende zijn in de hygiënecodes voedselveiligheidsprocedures opgenomen die voorzien in de beheersing van tijd en temperatuur en het voorkomen van (kruis)besmetting van producten (al of niet in combinatie met een noodzakelijke verhittingsstap).
Deze voedselveiligheidsprocedures vormen een essentieel onderdeel van de codes en zitten vaak 'verborgen' in de procedures en werkvoorschriften. Daarnaast spelen ook chemische en fysische risico's een belangrijke rol in deze bedrijven.

Microbiologische richtwaarden
Hygiënecodes bevatten microbiologische richtwaarden ter verificatie van bereidings- en/of bewaarprocessen. Deze richtwaarden zijn een invulling van principe zes van het HACCP-systeem (verificatie). Door regelmatig monsters te onderzoeken op de aangegeven parameters (bijvoorbeeld totaal kiemgetal of aantal entero's (*Enterobacteriaceae*)), wordt bepaald of de verschillende processen (verhitten, afkoelen, portioneren) volgens de juiste procedures zijn

uitgevoerd. Bevat een monster minder micro-organismen dan is het proces beheerst, bevat het meer dan is het proces onvoldoende beheerst geweest (niet veilig) en moeten maatregelen worden genomen.

Microbiologische richtwaarden zijn dus een hulpmiddel om via microbiologisch monsteronderzoek periodiek (bijvoorbeeld elk half jaar) vast te stellen of de bereidings- en/of behandelingsprocessen in voldoende mate wordt beheerst. Zo wordt nagegaan of (kruis)besmetting is voorkomen en de uitgroei van micro-organismen zo veel mogelijk is ingeperkt. Zie tabel 4.1 voor de microbiologische richtwaarden zoals vermeld in de Hygiënecode voor de contractcatering.

Dit onderzoek wordt alleen op bedrijfs- of op brancheniveau uitgevoerd. In dat laatste geval wordt verificatie alleen voor de hele sector uitgevoerd. Zonodig kan op grond hiervan de betreffende code worden aangepast of aangedrongen worden op betere toepassing van de code. Ook de VWA kan op dezelfde manier processen verifiëren.

Tabel 4.1 Microbiologische richtwaarden voor verschillende kokswaren (in kve/g of kve/ml).

Product	Parameter	Proces beheerst	Proces niet beheerst
verhit vlees en verhitte vis*	totaal kiemgetal entero's	< 1.000.000 < 1.000	> 1.000.000 > 1.000
soepen en sauzen*	totaal kiemgetal entero's	< 1.000.000 < 100	> 1.000.000 > 100
verhitte maaltijden*	totaal kiemgetal entero's	< 1.000.000 < 1.000	> 1.000.000 > 1.000
dessert met een verhittingstap*	totaal kiemgetal entero's	< 1.000.000 < 1.000	> 1.000.000 > 1.000
ongekoelde presentatie, na bereiding (2-uursborging)	totaal kiemgetal entero's	< 1.000.000 < 1.000	> 1.000.000 > 1.000

*   Vlak voor uitgifte.
Bron: Veneca, mei 2007.

4.5 Hygiënemaatregelen

Zoals eerder aangeven, is besmetting van voedsel soms moeilijk te voorkomen. Bij het slachten van dieren bijvoorbeeld is het lastig om besmetting met (fecale) bacteriën te voorkomen. Ook tijdens verdere verwerking van producten zal meestal enige mate van besmetting plaatsvinden.

De mate waarin producten besmet worden, hangt af van de hygiënische maatregelen. Dit zijn de maatregelen die worden genomen om een goede (microbiologische) kwaliteit te garanderen, zodat besmetting niet of zo min mogelijk plaatsvindt. Bij de productie en bereiding van voedingsmiddelen kan een onderverdeling worden gemaakt in bedrijfshygiëne en persoonlijke hygiëne.

Dat het niet altijd goed is gesteld met de hygiënemaatregelen, blijkt uit artikel 4.3.

Artikel 4.3 Hygiënische situatie in eetgelegenheden.

Een op de vijf restaurants niet schoon

DEN HAAG – De hygiënische situatie in veel restaurants, eetcafé's en cafetaria's is ver onder de maat, zo blijkt uit onderzoek dat de Voedsel- en Warenautoriteit (VWA) aan het begin van de zomer uitvoerde. Een op de vijf restaurants was niet goed schoongemaakt en had afval te lang opgeslagen, waardoor er sporen waren van allerlei 'plaagdieren'.
De VWA controleerde in de steden Amsterdam, Rotterdam, 's Hertogenbosch, Zwolle en Nijmegen. Inspecteurs vielen onaangekondigd binnen om te controleren of de bedrijven voldoende maatregelen nemen om de voedselveiligheid te garanderen. Het betrof een eerste controlereeks. 'Aan het eind van het jaar zullen we een landelijk beeld hebben', aldus een woordvoerder.
De eerste indrukken zijn negatief. Bij acht procent van de bedrijven was de situatie volgens de woordvoerderder 'echt héél smerig'. 'Je moet denken aan veel vuil in de keuken, vieze tafels en het ontbreken van de meest basale hygiënemaatregelen.'
Tegen veertig procent van de bedrijven is opgetreden: 14 procent kreeg een boete en 26 procent kwam ervanaf met een waarschuwing. Bij die bedrijven is de VWA zes weken later ook weer onaangekondigd langsgegaan. De resultaten daarvan zijn nog niet bekendgemaakt. Wel werd vastgesteld dat acht procent van de bedrijven die wél maatregelen nemen tegen ongedierte, dat op de verkeerde manier doen.

Bron: Dagblad van het Noorden, 25 augustus 2006.

4.5.1 Bedrijfshygiëne

Met de term bedrijfshygiëne worden alle hygiënische maatregelen aangeduid die het bedrijf neemt om de kwaliteit van de producten te bewaken. Hieronder vallen aspecten als inrichting van het bedrijf, 'routing', apparatuur, sanitaire voorzieningen, bestrijding van ongedierte, enzovoort.

In Verordening (EG) 852/2004 wordt een aantal eisen opgesomd voor ruimten waarin levensmiddelen worden bereid, verpakt of verhandeld. Enkele voorbeelden zijn (voor de gehele lijst zie de EG-verordening):
- Bedrijfsruimten voor levensmiddelen moeten schoon zijn en goed worden onderhouden.
- De indeling, het ontwerp, de constructie, de ligging en de afmetingen van ruimtes voor levensmiddelen moeten zodanig zijn dat:
    a) onderhoud, reiniging en/of ontsmetting op een adequate wijze kunnen worden uitgevoerd, verontreiniging door de lucht zo veel mogelijk wordt voorkomen en voldoende werkruimte beschikbaar is om alle bewerkingen op een bevredigende wijze te kunnen uitvoeren;
    b) de ophoping van vuil, het contact met toxische materialen, het terechtkomen van deeltjes in levensmiddelen en de vorming van condens of ongewenste schimmel op oppervlakken worden voorkomen;
    c) goede hygiënische praktijken mogelijk zijn, onder andere door bescherming tegen verontreiniging, en met name door bestrijding van schadelijke organismen;
    d) voorzover dit nodig is, passende hanteringomstandigheden en voldoende opslagruimte aanwezig zijn met een zodanige temperatuurregeling dat de levensmiddelen op de vereiste temperatuur kunnen worden gehouden, en met de nodige voorzieningen om de temperatuur te bewaken en zo nodig te registreren.
- Er moet een voldoende aantal toiletten met spoeling aanwezig zijn die aangesloten zijn op een adequaat afvoersysteem. Toiletruimten mogen niet rechtstreeks uitkomen in ruimten waar voedsel wordt gehanteerd.
- Er moet een voldoende aantal goed geplaatste en gemarkeerde wasbakken voor het reinigen van de handen aanwezig zijn. De wasbakken voor het reinigen van de handen moeten voorzien zijn van warm en koud stromend water en van middelen voor het reinigen en hygiënisch drogen van de handen. Voor zover dat nodig is, moeten de voorzieningen voor het wassen van de levensmiddelen gescheiden zijn van de wasbakken voor het reinigen van de handen.
- Afvoervoorzieningen moeten geschikt zijn voor het beoogde doel. Zij moeten zo zijn ontworpen en geconstrueerd dat elk risico van verontreiniging wordt voorkomen. Wanneer afvoerkanalen geheel of gedeeltelijk open zijn, moeten zij zo zijn ontworpen dat het afval niet van een verontreinigde zone kan stromen naar een schone zone, met name niet naar een zone waar wordt omgegaan met levensmiddelen die een aanzienlijk risico kunnen inhouden voor de consument.

- Reinigings- en ontsmettingsmiddelen mogen niet worden opgeslagen in een ruimte waar levensmiddelen worden gehanteerd.

4.5.2 Persoonlijke hygiëne

Micro-organismen bevinden zich overal op en in het menselijk lichaam: op de huid, in de neus en mond, in feces en op kleding. Door overdracht (bijvoorbeeld via handen, hoesten) kunnen ze in of op eet- en drinkwaren terechtkomen.

Omdat micro-organismen zich op lichaam en kleding bevinden, beperkt persoonlijke hygiëne zich niet alleen tot handen wassen, maar heeft het betrekking op het gehele lichaam. Afhankelijk van het bedrijf en de functie kan periodiek een medische keuring van werknemers verlangd worden op grond van een (medische) voorgeschiedenis of op epidemiologische indicaties.

Personen die drager of uitscheider zijn van besmettelijke micro-organismen (bijvoorbeeld via zwerende wonden) mogen niet in direct contact met eet- of drinkwaren komen. Personen met letsel mogen alleen dan met levensmiddelen werken indien de wond goed afgeschermd is met een waterondoorlatende bedekking.

Het is van het allergrootste belang te zorgen voor een goede scheiding tussen personeel dat in aanraking komt met het eindproduct en personeel dat werkzaam is met grondstoffen en de eerste bewerkingen van het product. Op deze manier wordt de kans op (kruis)besmetting van eindproducten verkleind.

Het wassen van handen is verplicht voor aanvang van de werkzaamheden, na toiletbezoek en verder na aanraking van vervuilde producten.

Enkele regels die verder van belang zijn voor de persoonlijke hygiëne betreffen:
- bedrijfskleding: deze moet schoon zijn, makkelijk te dragen en te reinigen en vaak vervangen kunnen worden;
- hoofdbedekking: heeft alleen zin als alle haren bedekt worden;
- nagellak: het gebruik wordt ontraden in verband met het loslaten van schilfers;
- sieraden (ringen): het dragen van sieraden geeft aanleiding tot ophopen van vuil, dit kan weer besmetting van levensmiddelen tot gevolg hebben;
- eten, drinken en roken: zijn niet toegestaan in productieruimten;
- blauwe pleisters op wonden.

Handhygiëne

Omdat in veel gevallen levensmiddelen met de handen worden aangeraakt tijdens het bewerken, is het belangrijk extra aandacht te besteden aan handhygiëne (zie ook onder 2.2.2 Mensen). Het dragen van (wegwerp)handschoenen kan het wassen van handen niet vervangen. Ook handschoenen worden vies. Het nadeel hierbij is echter dat men dit niet zo goed waarneemt. Handschoenen moeten dus veelvuldig worden gewisseld voor nieuwe (schone) of regelmatig worden gewassen.

Een ander nadeel bij het langdurig dragen van handschoenen is dat handen klam worden. Als de handschoenen worden uitgedaan, is de kans op besmetting van producten met die vochtige handen bijzonder groot.

4.6 Rol Voedsel en Waren Autoriteit

4.6.1 Meldingsplicht

Als blijkt dat een bedrijf een product in de handel heeft gebracht dat de veiligheid en gezondheid van consumenten in gevaar brengt, dan is het bedrijf verplicht dit te melden bij de VWA. Dit kan met behulp van het meldingsformulier Food and Feed Law (GFL) van de VWA.

Als bekend is dat of als er het vermoeden bestaat dat een product in meerdere lidstaten in de handel is gebracht, en er een kans op ernstige gezondheidsschade bestaat, dan wordt dit gemeld bij de Europese Commissie en wordt het opgenomen in het Rapid Alert System Food and Feed (RASFF).

Binnen dit systeem worden alle risico's op het gebied van voedselveiligheid binnen de EU centraal gemeld en openbaar gemaakt.

4.6.2 Terughaalacties

De VWA maakt onderscheid tussen schadelijke en ongeschikte levensmiddelen. Met behulp van een bij de VWA opvraagbare Meldwijzer, kan worden vastgesteld of er sprake is van een gevaarlijk product.

Als blijkt dat een schadelijk product in de handel is gebracht, dan moet het bedrijf een traceringsprocedure (recall) starten die uit de volgende vier stappen bestaat:

1. Uitbrengen van een publiekswaarschuwing. Dit moet via een advertentie in minimaal twee landelijke dagbladen en een persbericht. Daarnaast wordt het aanbevolen de waarschuwing te melden op de website van het bedrijf. In de waarschuwing worden het product en het gevaar zo specifiek mogelijk beschreven.
2. Melden bij de VWA via telefoonnummer: 0800-0488.

3. Gegevens verzamelen en binnen vier uur na melding doorgeven aan de VWA. Aan wie zijn de producten geleverd en – indien relevant – wie is de leverancier van de onveilige grondstof of het onveilige product.
4. Terughalen bij afnemers en informeren van toeleveranciers. De toeleveranciers op hun beurt informeren andere afnemers en verstrekken deze gegevens aan de VWA.

Als blijkt dat niet een schadelijk maar een ongeschikt product in de handel is gebracht, dan kan – kortweg – een publiekswaarschuwing achterwege blijven.

4.6.3 Handhaving

Bij het in de handel brengen van voedingsmiddelen is de VWA de bevoegde controlerende instantie. Zij grijpt in tegen onveilig voedsel. Het beleid van de VWA is erop gericht om eventuele vastgestelde overtredingen tijdens inspectie- en/of monsteronderzoek op te heffen en herhaling te voorkomen.

Tabel 4.2   Standaard interventiebeleid VWA.

Overtreding	Interventies	Follow-up	Interventies bij herhaalde overtreding
geringe overtreding	• mededeling ter plaatse (tijdens inspectie of via schriftelijke terugkoppeling inspectieresultaten) • nalevingshulp	• geen actie	• mededeling ter plaatse • nalevingshulp
overtreding	• schriftelijke waarschuwing • zo nodig verdere corrigerende interventie • schriftelijke afhandeling • nalevingshulp	• herinspectie • herbemonstering	• schriftelijke waarschuwing of afdoende corrigerende en/of sanctionerende interventie • nalevingshulp
ernstige overtreding	• corrigerende interventie • nalevingshulp • procesverbaal of boeterapport	• altijd herinspectie op zo kort mogelijke termijn • altijd herbemonstering op zo kort mogelijk termijn	• corrigerende interventie • proces-verbaal of boeterapport • nalevingshulp

Bron: VWA, maart 2010.

Bij controle van bedrijven vindt meestal het standaard interventiebeleid plaats. In dat geval beoordeelt de inspecteur van de VWA eventuele tekortkomingen en bepaalt hij of er wel of geen overtreding is van de wettelijke voorschriften.

Bij het vaststellen van overtredingen beoordeelt hij de ernst van de overtreding, waarbij hij rekening houdt met de totale bedrijfsvoering.
Vervolgens wordt er bepaald of er sprake is van een geringe overtreding, overtreding of ernstige overtreding. Bij het vaststellen van een (ernstige) overtreding maakt de inspecteur afspraken over het opheffen van de overtreding en biedt hij nalevingshulp aan. Met het laatste kan herhaling van de overtreding worden voorkomen. In tabel 4.2 staat aangegeven wat de gevolgen zijn van de verschillende soorten overtredingen.

Naast het standaard interventiebeleid voert de VWA ook specifiek interventiebeleid en interventiebeleid in bijzondere situaties uit.

4.7 Informatie op internet

Video's
HACCP, wat betekent dat voor de afdeling in de zorg (film op You Tube):
http://www.youtube.com/watch?v=WsjQhCC7eSg

Kennis
EU regelgeving, toegang tot het recht van de Europese Unie:
http://eur-lex.europa.eu/nl/index.htm

Hygiënecode voor de contractcatering (www.veneca.nl), Publicaties, Algemeen:
http://www.veneca.nl/websites/veneca/gfx/shop/documents/Hygiënecode%20versie%202007.pdf

Hygiënecode voor de voedingsverzorging in zorginstellingen en Defensie:
www.voedingscentrum.nl

Nationaal Kompas Volksgezondheid (www.rivm.nl), Preventie gericht op voedselveiligheid, wie doet wat:
http://www.rivm.nl/vtv/object_document/o8115n39o13.html

Voedsel en Waren Autoriteit (www.vwa.nl), Voedselveiligheid, Veilig produceren, Hygiënewetgeving:
http://www.vwa.nl/portal/page?_pageid=119,1640193&_dad=portal&_schema=PORTAL

Voedsel en Waren Autoriteit (www.vwa.nl), Bedrijven:
http://www.vwa.nl/portal/page?_pageid=119,1639944&_dad=portal&_schema=PORTAL

Website met alle hygiënecodes (www.vwa.nl):
http://www.vwa.nl/portal/page?_pageid=119,2133799&_dad=portal&_schema=PORTAL&p_document_id=1329461&p_node_id=1941192&p_mode=BROWSE

Nederlandse regelgeving:
http://wetten.overheid.nl/zoeken/

4.8 Leervragen

1. Wat wordt verstaan onder HACCP?
2. Uit welke 7 principes bestaat het HACCP-systeem?
3. Wat is een CCP/kritisch beheerspunt?
4. Wat is een hygiënecode en geef het verband aan tussen een hygiënecode en HACCP.
5. Bij zowel de 'Hygiënecode voor de voedingsverzorging in zorginstellingen en Defensie' als de 'Hygiënecode voor de contractcatering' wordt melding gemaakt van de basisvoorwaarden. Wat wordt verstaan onder deze basisvoorwaarden?
6. Handhygiëne is een belangrijke basisvoorwaarde voor het produceren van veilig voedsel. Tijdens de be- of verwerking van voedsel wordt soms het gebruik van wegwerphandschoenen voorgeschreven. Geef aan hoe je op een juiste wijze met handschoenen moet omgaan (zie hiervoor de Hygiënecode voor de voedingsverzorging in zorginstellingen en Defensie).
7. Regelmatig wordt in de hygiënecodes gewezen op het gevaar van kruisbesmetting. Wat is dat en waarom is het belangrijk dat te voorkomen?
8. Door een cateringbedrijf wordt regelmatig vla geserveerd bij de warme maaltijd, die 's middags wordt verstrekt. De vla wordt in de keuken gemaakt en omdat de bereiding erg eenvoudig is, wordt een nieuwe hulp aan deze taak gezet. Zij begint daar 's middags omstreeks 12.00 uur aan. Om 12.30 uur heeft zij de vla gekookt en laat die verder op het aanrecht afkoelen. Zij begint aan een ander karweitje, maar vraagt zich rond 15.00 uur plotseling af of zij suiker aan de vla heeft toegevoegd. Zij proeft met een lepel en denkt dat de vla wel zoet genoeg is. Om echter helemaal zeker te zijn proeft zij nog een keer met dezelfde lepel. Er zat inderdaad suiker in. Ze

dekt de vla af en laat deze verder onaangeroerd. Voordat zij naar huis gaat, om ± 19.00 uur, zet ze de vla in de koeling. De volgende morgen wordt de vla uit de koeling gehaald, geportioneerd en bij de warme maaltijden om circa 12.00 uur gedistribueerd.

In de loop van de middag voelen enkele bejaarden die hun maaltijd van dit cateringbedrijf krijgen zich niet zo lekker. Aan het begin van de avond is iedereen die de vla gegeten heeft ziek: misselijkheid en braken zijn de belangrijkste symptomen.

Uit onderzoek van de Voedsel en Waren Autoriteit (VWA) blijkt dat er sprake is van een voedselvergiftiging veroorzaakt door *Staphylococcus aureus*. Hoogstwaarschijnlijk is de nieuwe hulp de besmettingsbron is geweest. Ze heeft niet gewerkt volgens de Hygiënecode voor de contractcatering. Zij laat echter weten niet geïnstrueerd te zijn in het gebruik van deze hygiënecode, wat een taak is van de cateringmanager. Zij wordt hierop aangesproken door de VWA, waarna de manager haar alsnog de noodzakelijke instructie geeft. Daarna heeft de hulp zelf een prima verklaring voor de voedselvergiftiging en een ding weet ze zeker: 'Dit zal niet weer gebeuren!'

Lees bovenstaande tekst goed door. Geef – eventueel met behulp van de Hygiënecode voor de contractcatering – aan wat er in deze casus fout is gegaan. Deze hygiënecode is te vinden op de website van Veneca: www.veneca.nl.

9. Enkele veelvoorkomende beheerspunten in de hygiënecode voor de voedingsverzorging in zorginstellingen zijn: producttemperatuur en goed sluitende verpakking. Daarnaast worden beheerspunten vermeld als houdbaarheidstermijn, regeneratieduur en tijdsduur ongekoeld presenteren. Geef aan wat de gevaren zijn indien deze beheerspunten niet worden beheerst.

10. In 2.6 Leervragen, vraag 3 is het microbiologisch onderzoek van voedsel ter sprake gekomen. Voedselmonsters (vlak voor uitgifte) werden onderzocht op het totaal (aeroob) kiemgetal en het aantal *Enterobacteriaceae*. Geef voor verhitte maaltijden aan wat de richtwaarden zijn voor deze twee parameters vlak voor uitgifte.

4.9 Casus HACCP

In uw grootkeuken worden maaltijden samengesteld voor de bewoners van verpleeghuis 'Avondrood'. Deze maaltijden worden tevens bezorgd aan mensen die maaltijden afnemen via 'Tafeltje dek je'. Een van de maaltijden die met grote regelmaat terugkeert is hutspot; een stamppot met wortel en ui geserveerd met een lekkere gehaktbal en jus.

Opdracht
Verricht een gevarenanalyse en identificeer de Critical Control Points (CCP's).

Toelichting
Hierna volgt een aantal aanwijzingen met betrekking tot de bereiding en de opslag van deze maaltijd. Verricht met behulp van deze aanwijzingen een gevarenanalyse (hazard analysis) en bepaal of er gevaren zijn bij de verschillende stappen in het proces.
Mogelijke gevaren zijn:
- aanwezigheid van biologische, chemische of fysische contaminanten in rauwe materialen, halffabrikaten en/of eindproducten;
- (her)besmetting, overleving of groei van ziekteverwekkende micro-organismen of vorming van toxinen, tijdens de productie, in de productieomgeving of in het eindproduct.

Identificeer vervolgens de CCP's. Gebruik indien nodig een beslisboom, zoals staat vermeld in tabel 4.3. Met behulp van deze beslisboom, die bestaat uit een viertal vragen, is het gemakkelijker te bepalen of er bij een processtap sprake is van CCP. Om de CCP's van de grondstoffen in kaart te brengen, kan de beslisboom voor grondstoffen worden gebruikt (zie tabel 4.4).

Procesbeschrijving
Grondstoffen worden – op specificatie – gekocht bij een groothandel. Ze worden bij het verpleeghuis afgeleverd. Na controle worden de producten opgeslagen op de voorgeschreven wijze (gekoelde producten bij maximaal 7°C). De kruidenmix wordt opgeslagen in een ruimte waar ook ingrediënten als pinda's en gedroogde selderij worden bewaard.

De hutspot wordt bereid door aardappelen te koken gedurende 20 minuten. De wortel en de ui worden gezamenlijk gekookt gedurende 15 minuten. Na het maken van de aardappelpuree met de melk, worden de gekookte wortel, de ui en de kruidenmix toegevoegd en vermengd. Na overscheppen van de hutspot in rvs-bakken, vindt – binnen 2 uur – koeling plaats tot 5°C met behulp van een 'blast chiller' (geforceerde terugkoeling). Daarna vindt het portioneren en assembleren op de trays plaats (hutspot in porties verdelen, gehaktbal en jus toevoegen). Na het assembleren worden de maaltijden verpakt en gekoeld (maximaal 7°C) tot het moment van transport en/of uitserveren. Voor transport of uitserveren worden de maaltijden geregenereerd tot 60°C (kerntemperatuur).

Grondstoffen
De maaltijd wordt bereid met de volgende grondstoffen:
- wortelen, gesneden (gekoeld);
- ui, gesneden (gekoeld);
- aardappelen, gesneden (gekoeld);
- melk (gekoeld);
- kruidenmix, kant-en-klaar (kamertemperatuur);
- leidingwater;
- gehaktballen, voorgegaard (gekoeld, vacuümverpakt);
- jus, kant-en-klaar (kamertemperatuur).

Processtappen
1. Inkopen van grondstoffen
2. Ontvangen van grondstoffen
3. Opslag en uitgifte van grondstoffen
4. Voorbereiden van grondstoffen
5. Bereiden
6. Terugkoelen en opslag
7. Portioneren
8. Assembleren en opslag
9. Regeneratie
10. Transport
11. Uitgifte

Tabel 4.3 Beslisboom voor vaststellen Critical Control Points (CCP's).

Vragen (als processtap een gevaar inhoudt)		Antwoord	Gevolg
Vraag 1.	Worden een of meerdere specifieke beheersmaatregelen uitgevoerd die van invloed zijn op het gevaar (reductie of eliminatie?)	JA	Ga door naar vraag 2.
		NEE	Ga door naar vraag 1A.
Vraag 1A.	Zijn beheersmaatregelen op dit punt noodzakelijk voor de productveiligheid?	JA	Ga door naar vraag 1B.
		NEE	Deze processtap wordt niet beschouwd als een CCP.
Vraag 1B.	Wordt het gevaar door algemene procedures beheerst?	JA	Deze processtap wordt niet beschouwd als een CCP.
		NEE	Aanpassen proces of beheersmaatregel.
Vraag 2.	Wordt door beheersmaatregelen het gevaar in deze stap gereduceerd tot een acceptabel niveau of geëlimineerd?	JA	CCP.
		NEE	Ga door naar vraag 3.
Vraag 3.	Kan bij deze processtap besmetting plaatsvinden of – als beheersmaatregelen niet uitgevoerd worden – blijft het gevaar bestaan of wordt het gevaarlijker?	JA	Ga door naar vraag 4.
		NEE	Deze processtap wordt niet beschouwd als een CCP.
Vraag 4.	Zijn er in een latere processtap beheersmaatregelen die het gevaar reduceren of elimineren tot een acceptabel niveau?	JA	Deze processtap wordt niet beschouwd als een CCP.
		NEE	Deze processtap wordt beschouwd als een CCP.

Tabel 4.4 Beslisboom voor vaststellen CCP's van de grondstoffen.

Vragen ten aanzien van de grondstoffen		Antwoord	Gevolg
Vraag 1.	Zijn er mogelijke gevaren aan de grondstoffen?	JA	Ga door naar vraag 2.
		NEE	Ga verder naar de volgende grondstof.
Vraag 2.	Wordt door de verdere verwerking (bij verdere bereiding of door consument) het eventuele gevaar geëlimineerd?	JA	Ga door naar vraag 3.
		NEE	Gevoelige grondstof, CCP.
Vraag 3.	Kan kruisbesmetting plaatsvinden en is dit niet beheersbaar?	JA	Gevoelige grondstof, CCP.
		NEE	Ga verder naar de volgende grondstof.

Schema om de resultaten van de beslisboom voor grondstoffen in te verwerken.

Grondstof	Mogelijke gevaren	Vr. 1	Vr. 2	Vr. 3	CCP
wortelen					
ui					
aardappelen					
melk					
kruidenmix					
leidingwater					
gehaktballen					
jus					

Schema om de resultaten van de beslisboom in te verwerken (proces).

Processtap		Mogelijke gevaren	Vr. 1	Vr. 2	Vr. 3	Vr. 4	CCP
1	inkopen van grondstoffen						
2	ontvangen van grondstoffen						
3	opslag en uitgifte van grondstoffen						
4	voorbereiden van grondstoffen						
5	bereiden						
6	terugkoelen en opslag						
7	portioneren						
8	assembleren en opslag						
9	regeneratie						
10	transport						
11	uitgifte						

Geraadpleegde bronnen

Anoniem, 'Een op de vijf restaurants niet schoon', *Dagblad van het Noorden*, www.dvhn.nl (25 augustus 2006).

Consumentenbond, Actueel, Waarschuwingen, www.consumentenbond.nl (maart 2010).

Dijk, R., et al., *Microbiologie van voedingsmiddelen, Methoden, principes en criteria*, Noordervliet Media BV, Houten (2007) p. 168-169.

Europese Commissie, 'Verordening (EG) Nr. 178/2002 van het Europees Parlement en de raad van 28 januari 2002 tot vaststelling van de algemene beginselen en voorschriften van de levensmiddelenwetgeving, tot oprichting van een Europese Autoriteit voor voedselveiligheid en tot vaststelling van procedures voor voedselveiligheidsaangelegenheden', *Publicatieblad van de Europese Unie*, 1.2.2002, L31/1-24.

Europese Commissie, 'Verordening (EG) Nr. 852/2004 van het Europees Parlement en de raad van 29 april 2004 inzake levensmiddelenhygiëne', *Publicatieblad van de Europese Unie*, 30.4.2004, L139/1-54.

Europese Commissie, 'Verordening (EG) Nr. 853/2004 van het Europees Parlement en de raad van 29 april 2004 houdende vaststelling van specifieke hygiënevoorschriften voor levensmiddelen van dierlijke oorsprong', *Publicatieblad van de Europese Unie*, 25.6.2004, L226/22-82.

Europese Commissie, 'Rectificatie van Verordening (EG) Nr. 854/2004 van het Europees Parlement en de raad van 29 april 2004 houdende vaststelling van specifieke voorschriften voor de organisatie van de officiële controles van voor menselijke consumptie bestemde producten van dierlijke oorsprong', *Publicatieblad van de Europese Unie*, 25.6.2004, L226/83-127.

Europese Commissie, 'Verordening (EG) Nr. 2073/2005 van de Commissie van 15 november 2005 inzake microbiologische criteria voor levensmiddelen', *Publicatieblad van de Europese Unie*, 22.12.2005, L338/1-26.

McElhatton, A., Marshall, R.J., *Food Safety, A practical and case study approach*, Springer, New York (2007) p. 225-238.

Overheid.nl, 'Warenwetbesluit Bereiding en Behandeling van Levensmiddelen, Besluit van 10 december 1992, houdende vaststelling van het warenwetbesluit Bereiding en behandeling van levensmiddelen', www.wetten.overheid.nl (maart 2010).

Overheid.nl, 'Warenwetbesluit hygiëne van levensmiddelen, Besluit van 3 oktober 2005, houdende vaststelling van het Warenwetbesluit hygiëne van levensmiddelen', www.wetten.overheid.nl (maart 2010).

Veneca, *Hygiënecode voor de contractcatering*, Vereniging Nederlandse Cateringorganisaties, www.veneca.nl (mei 2007) 68 p.

Voedingscentrum, *Hygiënecode voor de voedingsverzorging in zorginstellingen en Defensie* (oktober 2008).

VWA, Onderwerp Bedrijven, Overzicht wetgeving, Voedsel en Waren Autoriteit, www.vwa.nl (februari 2010).

VWA, Onderwerp Bedrijven, Melden en terughalen: levensmiddelen, Voedsel en Waren Autoriteit, www.vwa.nl (februari 2010).

VWA, Onderwerp Voedselveiligheid, Veilig produceren en Wetgeving, Voedsel en Waren Autoriteit, www.vwa.nl (februari 2010).

5 Reiniging en desinfectie

5.1 Inleiding

Schoonmaken – ofwel reinigen – is een structureel onderdeel van de dagelijkse werkzaamheden en een van de belangrijkste peilers van HACCP. Goed schoonmaken betekent dat alles volgens een opgesteld schema wordt uitgevoerd. Het schema geeft aan wie, wanneer en op welke wijze wordt schoongemaakt. Het is daarbij belangrijk de juiste middelen te gebruiken en (kruis)besmetting te voorkomen.

Het doel van schoonmaken is te zorgen dat voedsel niet wordt besmet door verontreinigde oppervlakken. Denk bijvoorbeeld aan niet goed schoongemaakte apparatuur en oppervlakken als tapkranen, pannen, snijplanken, keukengerei en dergelijke. Gevolgen van slecht en niet tijdig schoonmaken zijn:
- afname voedselkwaliteit;
- sneller kans op bederf;
- grotere kans op voedselinfectie en/of -vergiftiging.

Schoonmaken bestaat in ieder geval uit een reinigingsstap en, afhankelijk van het proces, wordt het soms gevolgd door een desinfecterende stap. Niet altijd is desinfectie noodzakelijk.
Bij reiniging worden vuil en een gedeelte van de micro-organismen verwijderd. Door te desinfecteren worden micro-organismen gedood tot een aanvaardbaar niveau. Dit niveau is afhankelijk van de omgeving waar men schoonmaakt. Een ziekenhuis bijvoorbeeld stelt andere eisen dan een kantine.
Over het algemeen geldt – voor het beste resultaat – dat eerst reiniging plaats vindt en dan pas desinfectie.

Voor een juiste uitvoering is het belangrijk dat de mensen die het schoonmaken uitvoeren goed zijn geïnstrueerd. Het moet voor hen duidelijk zijn waar, wat en op welke wijze dit moet gebeuren. Een voorbeeld van hoe het in de praktijk mis kan gaan volgt hierna in artikel 5.1.

Artikel 5.1 Onvoldoende reiniging in ziekenhuizen.

> **Factsheet ziekenhuizen 2006**
>
> Uit onderzoek van de Voedsel en Waren Autoriteit (VWA) blijkt dat vier op de tien ziekenhuizen zuigelingenvoeding niet klaarmaken volgens de richtlijnen van de Werkgroep Infectiepreventie. In een aantal gevallen constateerde de VWA te veel bacteriën in de babyvoeding. De VWA en de Inspectie voor de Gezondheidszorg (IGZ) dringen bij de ziekenhuizen aan op verbetering. Met name bij de afdelingskeukens waar zuigelingenvoeding wordt klaargemaakt stelde de VWA tekortkomingen vast; werkbladen, flesjes, spenen werden onvoldoende gereinigd, persoonlijke hygiëne schoot tekort, bereide voeding werd te lang of te warm bewaard.

Bron: VWA, augustus 2007.

Diëtisten in ziekenhuizen zijn regelmatig verantwoordelijk (afhankelijk van de functie) voor de werkzaamheden die voedingsassistentes verrichten op bijvoorbeeld de kinderafdeling. Voedingsassistentes op deze afdeling zorgen ervoor dat de babyvoeding wordt klaargemaakt en de flesjes worden schoongemaakt. Aangezien men hier te maken heeft met een kwetsbare groep (zieke baby's) is het belangrijk dat dit zeer zorgvuldig wordt uitgevoerd. Uit artikel 5.1 blijkt echter dat deze werkzaamheden in enkele ziekenhuizen niet goed worden verricht. Een reden hiervoor kan zijn dat de voedingsassistentes onvoldoende zijn voorgelicht en geïnstrueerd.

5.2 Reinigen

Reinigen is het verwijderen van vuil en een gedeelte van de micro-organismen. Een goed uitgevoerde reiniging kan het aantal micro-organismen op een oppervlak met 50-90% verlagen. Meestal bestaat het reinigingsproces uit: verwijderen van grof vuil (voorspoelen of vegen) gevolgd door de reinigingsstap en ten slotte naspoelen (eventueel gevolgd door drogen).

Het effect van reinigen hangt onder andere af van de volgende factoren:
- de aard (en hoeveelheid) van het vuil;
- het reinigingsmiddel;

– de aard van het oppervlak;
Daarnaast zijn van invloed: de reinigingsduur en de temperatuur.

Aard (en hoeveelheid) van het vuil
Onder vuil wordt verstaan: alle ongewenste stoffen die zich op een object bevinden. Dit kunnen vetten, eiwitten, koolhydraten of andere verontreinigingen zijn, die soms door verhitting moeilijk te verwijderen zijn (polymerisatie van vetten, denaturatie van eiwitten, verkoling van koolhydraten). Ook deeltjesgrootte, viscositeit, bevochtigende werking, wateractiviteit, oplosbaarheid en chemische reageerbaarheid van het vuil met het oppervlak zijn van belang.

Reinigingsmiddel
Afhankelijk van de aard van de vervuiling wordt gebruik gemaakt van:
– alkalische reinigingsmiddelen (voor eiwitten en vetten);
– zure reinigingsmiddelen (voor bier- of melksteen en eiwitten); of
– neutrale reinigingsmiddelen (voor handen of met de hand gereinigde apparatuur).

Alkalische reinigingsmiddelen bestaan voor 60-80% uit loog en worden toegepast bij zware vervuilingen, zoals vetten en eiwitten op rubber, roestvast staal, kunststoffen en glas. Ze werken op basis van verzeping en hydrolyse. Zij zijn erg agressief en gevaarlijk voor de huid en ogen, en kunnen verf, lichte metalen en dergelijke aantasten.

Zure reinigingsmiddelen zijn kalk-, eiwit- en roestverwijderend en worden voornamelijk toegepast om biersteen, melksteen of ketelsteen te verwijderen. Voor zure reiniging kunnen salpeterzuur, fosforzuur en sulfaminezuur worden gebruikt. Ze zijn etsend voor huid en ogen en veroorzaken corrosie van materiaal.

Neutrale reinigingsmiddelen (detergentia) bestaan voornamelijk uit oplossingen van oppervlakteactieve stoffen in water. Ze zijn zowel in waterige als in niet-waterige systemen redelijk oplosbaar. De werking bestaat uit het verlagen van de oppervlaktespanning*, het losmaken van vuil en dit zwevend houden in de oplossing. De huidverdraagzaamheid is afhankelijk van het middel.

---

* Een toelichting op de oppervlaktespanning staat vermeld in de bijlage op bladzijde 175.

Aard van het oppervlak

De aard van het oppervlak bepaalt in belangrijke mate de effectiviteit van de reiniging. Denk hierbij aan factoren als gladheid, hardheid, porositeit, toegankelijkheid, corrosiebestendigheid en bevochtigbaarheid.

Zo is hout een moeilijk te reinigen materiaal in tegenstelling tot bijvoorbeeld roestvast staal. Ook de stand van het oppervlak (verticaal, schuin of horizontaal) is van belang. Horizontale oppervlakken laten zich beter schoonmaken dan schuine of verticale oppervlakken.

Daarnaast speelt de hechting van het vuil aan het oppervlak een rol. Sommige soorten vuil, zoals bier- of melksteen, lijken in eerste instantie minder gevaarlijk dan gedroogde bloedresten. In 'steen' kan echter vuil achterblijven waarin zich micro-organismen bevinden. Daarnaast geldt over het algemeen dat 'oud vuil' zich lastiger laat verwijderen dan 'nieuw vuil'.

Waterkwaliteit

Reinigingsmiddelen worden opgelost in of verdund met water. Ook de kwaliteit van water is van invloed op het effect van reiniging. Van belang zijn het aantal micro-organismen in water en de hardheid van het water. In Nederland is de microbiologische kwaliteit van leidingwater van hoog niveau en kan in de meeste situaties probleemloos worden gebruikt. De waterhardheid is in Nederland niet overal hetzelfde. Het is van belang te weten of het water 'hard' of 'zacht' is. Dit is van invloed op de te gebruiken hoeveelheid zeep.

De waterhardheid geeft de concentratie van calcium- en magnesiumcarbonaat in het water aan. Water met een hoge hardheid is geen gevaar voor de gezondheid, maar het is wel van invloed op de werking van zeep (zepen worden onoplosbaar en daarmee onwerkzaam).

De calcium- en magnesiumionen reageren met vetzuurionen uit zeep en slaan neer. Hierbij ontstaat een grauwe neerslag van kalkzepen. Hoe harder het water is, des te meer zeep moet worden toegevoegd voor het verkrijgen van een juiste werking. Wassen met hard water kost dus meer zeep.

Een hoge hardheid leidt ook tot kalkafzetting in waterleidingen. Bij verhitting van water ontstaat vast calcium- en magnesiumcarbonaat (kalksteen of ook ketelsteen genoemd). Kalksteen is moeilijk te verwijderen. Daarnaast is het warmte-isolerend en daarom slecht voor de warmteoverdracht. Vuil en daarin aanwezige micro-organismen kunnen zich in het kalksteen 'ophopen'.

In Nederland wordt de waterhardheid meestal uitgedrukt in graden Duitse Hardheid (DH). Dit geeft de hoeveelheid kalk ($CaCO_3$) in water aan (1 °DH » 17,8 ppm $CaCO_3$).
De volgende indeling wordt gebruikt voor de hardheid van water:
- zacht water   0 – 8,4 °DH;
- middelhard water   8,4 – 14 °DH;
- hard water   > 14 °DH.

Er bestaan ook andere maten voor de waterhardheid. De waterhardheid per gebied/regio in Nederland is opvraagbaar bij de waterleidingleverancier.

5.3 Desinfectie

Desinfecteren is een zodanige behandeling van een oppervlak dat het aantal micro-organismen wordt teruggedrongen tot een aanvaardbaar niveau. Wat aanvaardbaar is, verschilt per situatie. Volledige ontsmetting is alleen mogelijk door te steriliseren. Na sterilisatie zijn levende micro-organismen niet meer aantoonbaar.

Desinfectie kan plaatsvinden door materialen onder te dompelen of te sproeien met desinfectantia. Door materialen te behandelen met heet water (> 60°C) of stoom vindt ook desinfectie plaats. Er zijn diverse soorten desinfecterende middelen in de handel verkrijgbaar. Door deze op een juiste manier toe te passen (na reiniging) wordt besmetting van voedsel (via oppervlakken of apparatuur) of mensen zo veel mogelijk voorkomen.

Desinfectantia zijn in staat micro-organismen in aantal te reduceren. Een product mag desinfectans worden genoemd als – onder laboratoriumomstandigheden – een bepaalde minimale reductie in kiemgetal wordt bereikt. Een desinfectans heeft een bactericide werking als een reductie van 10^5 kve bacteriën per ml wordt verkregen en een fungicide werking bij een reductie van 10^4 kve schimmels en gisten per ml. De wijze waarop desinfectantia worden getest in een laboratorium staat beschreven in een aantal Nederlandse normen (NEN-normen).

5.3.1 Wetgeving

Desinfectiemiddelen behoren tot de biociden. Biociden worden gebruikt om organismen te bestrijden die schadelijk zijn voor de gezondheid van mens en dier, of om organismen te bestrijden die schade toebrengen aan producten. Biociden zijn chemisch of microbiologisch van aard.

Biociden worden binnen de Nederlandse wet geregeld onder de Wet gewasbeschermingsmiddelen en biociden ook al hebben ze andere toepassingsgebieden dan gewasbeschermingsmiddelen. Volgens deze wet zijn desinfectiemiddelen alleen die middelen die door het College voor de toelating van gewasbeschermingsmiddelen en biociden (Ctgb) zijn voorzien van een toelatingsnummer (4- of 5-cijferig) en eindigen op een N (het N-nummer). Dit toelatingsnummer (en het wettelijk gebruiksvoorschrift) staat op het etiket. Als dit niet wordt vermeld is het of geen desinfectiemiddel of is het middel niet toegestaan voor gebruik in Nederland. Het Ctgb is het enige instituut in Nederland (gevestigd in Wageningen) dat biociden voorziet van een N-nummer.

Een middel wordt alleen toegelaten voor gebruik voor een specifiek toelatingsgebied. Fabrikanten en overheid zorgen voor een gebruiksaanwijzing en veiligheidsaanbevelingen. Elke gebruiker heeft de plicht om het product alleen te gebruiken volgens deze wettelijk voorgeschreven aanwijzingen.

Onder bepaalde voorwaarden mogen in de gezondheidszorg desinfectiemiddelen worden gebruikt die niet zijn voorzien van een N-nummer, maar een CE-merk hebben. Sommige desinfectiemiddelen vallen namelijk onder de Wet op de medische hulpmiddelen. Dit zijn de middelen die alleen gebruikt worden voor desinfectie van een medisch hulpmiddel of een groep medische hulpmiddelen. Deze middelen mogen dus niet gebruikt worden voor andere doeleinden.

Desinfectantia vallen onder de Wet gewasbeschermingsmiddelen en biociden of – in het geval van de gezondheidszorg – onder de Wet op de medische hulpmiddelen. Producten voor desinfectie die geen CE-merk of een N-nummer hebben, zijn in Nederland niet toegestaan. Zo kan op het etiket van een (toegelaten) desinfectiemiddel ook niet zowel een N-nummer als een CE-merk worden vermeld.

Alcohol (ethanol) 70% is als desinfectiemiddel wel toegestaan voor het ontsmetten van kleine oppervlakken (< 0,5 m^2) ondanks het ontbreken van een N-nummer of CE-merk.

Soms is een reinigingsmiddel gecombineerd met een desinfectiemiddel. Ook zo'n gecombineerd reinigings-/desinfectiemiddel valt onder de Wet gewasbeschermingsmiddelen en biociden of de Wet op de medische hulpmiddelen.

5.3.2 Desinfectiemiddelen

Er zijn verschillende soorten desinfectiemiddelen. Ze worden ingedeeld op basis van de werkzame stof. De werkzame stof bepaalt de werking van het middel. De hoofdgroepen zijn:
- halogenen;
- quaternaire ammoniumverbindingen (quats);
- aldehyden;
- oxidatiemiddelen;
- alcoholen.

Voor het verkrijgen van een breder werkingsspectrum worden soms twee werkzame stoffen gecombineerd in een middel. Zo zijn er desinfectantia in de handel die ethanol en (glutaar)aldehyde combineren. Andere combinaties zijn quats met aldehyden en waterstofperoxide met perazijnzuur.

Naast deze groepen zijn er meer desinfecterende middelen met andere (combinaties van) werkzame stoffen. Deze middelen kennen echter toepassingsgebieden die minder of niet relevant zijn op plekken waar met voedsel wordt gewerkt en zijn daarom niet in het overzicht opgenomen.

Halogenen

Chloorhoudende desinfectiemiddelen

Chloorhoudende producten, zoals (natrium)hypochloriet en natriumdichloorisocyanuraten, werken snel tegen een groot scala van micro-organismen en zijn relatief goedkoop. Nadelig zijn de corrosieve inwerking op metalen en de vorming van gechloreerde koolwaterstoffen. Tevens worden chloorontsmettingsmiddelen snel geïnactiveerd door de aanwezigheid van organisch vuil en hebben ze een sterke geur.

De werking van 'chloor' berust op het verstoren van de eiwitsynthese en enzymsystemen. Chloorhoudende producten werken goed tegen bacteriën, gisten en virussen en in mindere mate tegen sporenvormers en schimmels.

Overigens is het niet toegestaan 'gewoon huishoudchloor' te gebruiken voor desinfectie in een voedselverwerkend bedrijf.

Jodoforen

Jodoforen (oppervlakteactieve organische joodverbindingen) hebben een brede kiemdodende activiteit, ze werken goed tegen bacteriën, virussen, gisten en schimmels en in mindere mate tegen bacteriofagen en sporen. Ze worden snel geïnactiveerd door organisch materiaal. Ze kunnen corrosief inwerken op metalen, afhankelijk van de betreffende formule van de jodofoor en de aard van de oppervlakte waarop de jodofoor wordt toegepast.

Quaternaire ammoniumverbindingen

Quaternaire ammoniumverbindingen (quats) zijn oppervlakteactieve stoffen, die diep tot in spleten en poriën door kunnen dringen. Ze zijn kleurloos, werken betrekkelijk weinig in op metalen en zijn niet giftig. Wel kunnen ze een bittere smaak bezitten waardoor goed naspoelen belangrijk is.
Ze werken goed tegen bacteriën (met name Grampositieven), gisten en virussen maar zijn minder werkzaam tegen Gramnegatieve bacteriën dan ontsmettingsmiddelen op basis van chloor en jodoforen. Bij deze groep bacteriën kan resistentie ontstaan. Ze werken in beperkte mate tegen schimmels en niet tegen bacteriofagen en sporenvormers. Inactivering vindt plaats door eiwitten en zeepresten.

Aldehyden

Voorbeelden van een aldehyden zijn glutaaraldehyde en formaldehyde. Aldehyden zijn breedspectrumbiociden. Ze zijn werkzaam tegen bacteriën, bacteriofagen, gisten, schimmels en virussen en bij lange contacttijd ook tegen sporen. De werking berust op verstoring van de celwand en van enzymsystemen. Ze reageren met eiwitrijk vuil (inactivatie) en zijn instabiel in een basisch milieu. Daarnaast zijn ze giftig, is de damp irriterend en wordt formaldehyde verdacht van carcinogene eigenschappen.

Oxidatiemiddelen

Waterstofperoxide (H_2O_2)

Het bekendste oxidatiemiddel is waterstofperoxide. Waterstofperoxide werkt tegen bacteriën en in mindere mate tegen bacteriofagen, virussen, sporenvormers, gisten en schimmels. Het middel is pas actief bij temperaturen boven 60°C.

Perazijnzuur

Een ander oxidatiemiddel is perazijnzuur. Het heeft een breed spectrum aan kiemdodende activiteit. Het is goed werkzaam tegen bacteriën, bacteriofagen, bacteriesporen, virussen, gisten en in mindere mate tegen schimmels. Dit middel is werkzaam bij lage temperatuur en is te combineren met zure reinigingsmiddelen of waterstofperoxide. De werking wordt nauwelijks beïnvloed door restanten organisch vuil. Uit milieuoogpunt kan perazijnzuur als een aantrekkelijk en veilig product worden beschouwd. Nadelen van perazijnzuur zijn de penetrante geur van de geconcentreerde oplossing en de aantasting van sommige soorten rubber bij het gebruik van te hoge concentraties.

Alcoholen
Alcoholen werken tegen bacteriën en een aantal virussen en schimmels, maar niet tegen sporen. Ze laten geen residuen achter, maar zijn gevoelig voor eiwitrijk vuil. Gebruik van alcoholen is toegestaan voor desinfectie van kleine oppervlakken (< 0,5 m^2). De werking berust op afbraak van de celmembraan, waarbij 70% alcohol beter werkt dan 96% alcohol.

5.4 Factoren van invloed op effect reiniging en desinfectie

Diverse factoren zijn van invloed op het effect van reiniging en desinfectie. Deze komen hierna aan bod.

Aard van het oppervlak
De aard van het oppervlak is van invloed op het effect van reiniging en desinfectie. Over het algemeen geldt dat gladde oppervlakken beter schoon te maken zijn dan poreuze oppervlakken. Zo is het makkelijker om roestvrij staal schoon te maken dan een kunststof of houten oppervlak.

Naast de aard van het oppervlak speelt ook de hechting van micro-organismen aan een oppervlak een belangrijke rol (zie hierna bij Biofilm).

Biofilm
Micro-organismen zijn in staat zich te hechten aan oppervlakken. In eerste instantie is de hechting zwak (initiële hechting). Als ze vervolgens niet snel van het oppervlak worden verwijderd (tijdig en juist schoonmaken), dan kunnen ze zich beter op het oppervlak 'vastzetten' (irreversibele hechting). Zijn er vervolgens voldoende voedingsstoffen en vocht aanwezig, dan vindt groei plaats en worden er microkolonies gevormd op het oppervlak. Tijdens de groei wordt een slijmachtige substantie gevormd (exopolysacchariden, EPS); dit komt als een laagje over de cellen te liggen. De bacteriën zijn dan goed beschermd en beter bestand tegen onder andere de inwerking van reinigings- en desinfectiemiddelen.
Is een biofilm eenmaal gevormd, dan kunnen – in de loop van de tijd – stukjes van de biofilm (met daarin de cellen) loslaten, waardoor (na)besmetting of kruisbesmetting van voedsel mogelijk is.

Een biofilm kan uit diverse soorten micro-organismen bestaan, maar ook slechts uit een bepaalde soort. Verder blijkt dat hechting van micro-organismen op hydrofobe oppervlakken (plastic, kunststof) beter mogelijk is dan op hydrofiele oppervlakken (glas, metaal).

Gecombineerde reiniging en desinfectie

Soms wordt een reinigings- en desinfectiemiddel in een middel gecombineerd. Voordelen hiervan zijn tijdsbesparing en meer gebruiksgemak. Een nadeel is dat dergelijke middelen minder goed werkzaam zijn dan de afzonderlijke middelen. Ze zijn eigenlijk alleen goed te gebruiken bij licht verontreinigde oppervlakken. Aangezien de meeste desinfectiemiddelen een slechte stabiliteit hebben ten opzichte van organische stoffen, is het niet aan te bevelen bij reiniging in de levensmiddelenindustrie een gecombineerd middel te gebruiken. De verwachte desinfecterende werking zal door de aanwezigheid van eiwitten achterwege blijven.

Fouten bij reiniging en desinfectie

Bij de uitvoer van reiniging en desinfectie is het belangrijk op de juiste wijze schoon te maken. Helaas worden bij dit onderdeel regelmatig fouten gemaakt. Voorbeelden van veel gemaakte fouten staan vermeld in tabel 5.1.

Tabel 5.1 Enkele veel gemaakte fouten bij reiniging en desinfectie.

Fout	Resultaat
onvoldoende reiniging	neutralisatie van het desinfectiemiddel
te korte inwerktijd	desinfectans maar gedeeltelijk effectief
dosis te laag	weinig desinfecterend effect, opbouwen resistentie
dosis te hoog	residu problemen, corrosie, belasting van het milieu
desinfectans niet geschikt	onvoldoende desinfectie, corrosie, verkleuring
niet correct werken	sommige gebieden niet bereikt met desinfectans
vocht aanwezig	verandering in concentratie desinfectans

Bron: Stichting Effi, januari 2005.

5.5 Controle op reiniging en desinfectie

Het is belangrijk dat er goed wordt gereinigd en gedesinfecteerd. Controle speelt daarbij een belangrijke rol. Zo is controle mogelijk op de aanwezigheid van eiwitten (met behulp van 'eiwitstaafjes'), adenosinetrifosfaat (ATP) en de aanwezigheid van levende bacteriën (met behulp van afdrukplaatjes, swabs en/of sponsjes).

Eiwitstaafjes
Eiwitstaafjes zijn in de handel verkrijgbaar en geven snel informatie over de reinheid van een oppervlak. De staafjes tonen de aanwezigheid van eiwitten aan. Deze eiwitten kunnen afkomstig zijn van vuil en/of micro-organismen.

ATP-methode
De ATP-methode is gebaseerd op de aanwezigheid van adenosinetrifosfaat (ATP) in alle levende organismen. ATP is de primaire energiebron van levende organismen en verdwijnt binnen 2 uur nadat een cel dood is. De hoeveelheid ATP per cel is redelijk constant.
Door het ATP-gehalte van een monster vast te stellen verkrijgt men een indicatie over de mate van vervuiling.

Afdrukplaatjes, swabs en sponsjes
Levende micro-organismen kunnen worden aangetoond met behulp van afdrukplaatjes als contactagarplaatjes (Rodac-plaatjes) of dipslides. Contactagarplaatjes en dipslides bevatten voedingsmedia waarop micro-organismen kunnen uitgroeien.
Ook kan (een gedeelte van) een oppervlak worden afgenomen met vochtige swabs, sponsjes of doeken. Na afname van een oppervlak worden deze materialen microbiologisch onderzocht.
Dit soort onderzoek levert geen duidelijke kwantitatieve resultaten op. Daarom worden deze resultaten vaak tot hygiënescores verwerkt. Bij regelmatige controle van dezelfde (kritische) oppervlakken zijn trends weer te geven. Bij afwijking van een trend moet verder onderzoek worden uitgevoerd.

5.6 Informatie op internet

Kennis
College voor de toelating gewasbeschermingsmiddelen en biociden:
www.ctb-wageningen.nl

Hygiënecode voor de contractcatering (www.veneca.nl), Publicaties, Algemeen:
http://www.veneca.nl/websites/veneca/gfx/shop/documents/Hygiënecode%20versie%202007.pdf

Hygiënecode voor de voedingsverzorging in zorginstellingen en Defensie:
www.voedingscentrum.nl

Stichting Werkgroep Infectie Preventie:
www.wip.nl

5.7 Leervragen

Tijdens je stage loop je enkele weken mee in de grootkeuken van een streekziekenhuis. Tijdens de kennismakingsronde heb je onder andere gezien dat er een hygiënewerkplan aanwezig is. Dit komt je bekend voor want je hebt op de opleiding enkele maanden terug, het onderdeel microbiologie/hygiëne met goed gevolg afgerond. Na enkele dagen meelopen merk je op dat er niet altijd gewerkt wordt volgens dit hygiënewerkplan. Wat nog erger is, door de drukte let niemand hierop. Zo wordt bijvoorbeeld de voedselverdeelband gereinigd door het afnemen van het zichtbare vuil met een vaatdoek en gedesinfecteerd met bleekwater van de supermarkt. Gesterkt door de hoeveelheid kennis die je hierover hebt, besluit je in het eerstvolgende afdelingsoverleg hier vragen over te stellen. Het hoofd van de keuken beseft dat hij in overtreding is en vraagt of jij bereid bent een voorlichting te geven voor het keukenpersoneel. De gedachte hierachter is dat als zij meer kennis hebben over dit onderwerp zij ook gemotiveerd zijn om zich aan de voorschriften te houden. De inhoud van de voorlichting stel je samen met het hoofd van de keuken op.

Hij wil graag de volgende begrippen uitgelegd zien:
1. Wat wordt er verstaan onder reiniging en wat is de doel van desinfectie?
2. Waarom is het belangrijk eerst te reinigen voordat men gaat desinfecteren?
3. Wat zijn de voor- en nadelen van desinfectiemiddelen op basis van chloor? Regelmatig worden middelen gebruikt op basis van quats; wat zijn hiervan de voor- en/of nadelen?
4. Waaraan je kunt zien dat een desinfectans is toegelaten?
5. Wat is de betekenis van het begrip biofilms en onder welke omstandigheden kunnen biofilms ontstaan?
6. Waarom wordt in een grootkeuken gebruik gemaakt van gladde materialen. Leg ook uit waarom er geen materialen met oneffenheden gebruikt mogen worden.

Geraadpleegde bronnen

Blaschek, H.P., Wang, H.H., Agle, M.E., *Biofilms in the Food Environment*, Blackwell Publishing, Iowa (2007) p. 3-17.

College voor de toelating gewasbeschermingsmiddelen en biociden, Bestrijdingsmiddelendatabank, www.ctb-wageningen.nl (maart 2010).

Daha, T., 'Desinfectie en de wet', *Tijdschrift voor Hygiëne en Infectiepreventie*, nr. 5 (2004).

Dijk, R., et al., *Microbiologie van voedingsmiddelen: Methoden, principes en criteria*, Noordervliet Media BV, Houten (2007) p. 246, 247, 318.

McElhatton, A., Marshall, R.J., *Food Safety, A practical and case study approach*, Springer, New York (2007) p. 253-273.

Nederlandse Vereniging van Zeepfabrikanten, 'Bijdrage van desinfectiemiddelen aan de hygiëne in de gezondheidszorg', www.nvz.nl (maart 2010).

Overheid.nl, 'Wet gewasbeschermingsmiddelen en biociden, Wet van 17 februari 2007, houdende regeling voor de toelating, het op de markt brengen en het gebruik van gewasbeschermingmiddelen en biociden (Wet gewasbeschermingsmiddelen en biociden)', www.wetten.overheid.nl (maart 2010).

Overheid.nl, 'Wet op de medische hulpmiddelen, Wet van 15 januari 1970, houdende regelen met betrekking tot medische hulpmiddelen', www.wetten.overheid.nl (maart 2010).

Ridderbos, drs. G.J.A., *Levensmiddelenhygiëne*, achtste herziene druk, Elsevier Gezondheidszorg, Maarssen (2006) p. 115.

RIVM, 'Standaardmethode reiniging, desinfectie en sterilisatie in de openbare gezondheidszorg', Bilthoven, www.rivm.nl/cib/infectieziekten-A-Z/standaardmethoden, bijlage bij protocollen Infectieziekten (januari 2003) 10 p.

Stichting Effi, *Dictaat Levensmiddelenmicrobiologie & -hygiëne*, Wageningen (januari 2005) h13 p. 1-11.

VWA, 'Rapport: Factsheet ziekenhuizen 2006', Voedsel en Waren Autoriteit, www.vwa.nl (29 augustus 2007).

6 Chemische voedselveiligheid

6.1 Inleiding

De veiligheid van voedsel wordt niet alleen bepaald door eventueel aanwezige microbiële pathogenen. Ook schadelijke chemische stoffen kunnen voorkomen. Deze chemische componenten kunnen van nature in voedingsmiddelen aanwezig zijn, onbedoeld in producten terechtkomen, maar ook bewust worden toegevoegd (zie ook tabel 6.1).

Enkele voorbeelden van toxinen (gifstoffen) die van nature in voedingsmiddelen voorkomen zijn schimmelgifstoffen (mycotoxinen) in bijvoorbeeld granen en noten, plantgifstoffen (fytotoxinen) zoals cafeïne in koffie en solanine in aardappelen en algengifstoffen (fycotoxinen) in schaal- en schelpdieren. Daarnaast reageren sommige mensen overgevoelig op de aanwezigheid van specifieke eiwitten in voedsel (allergenen). Voor deze personen is zo'n eiwit toxisch. Voorbeelden daarvan zijn eiwitten aanwezig in tarwe, vis of koemelk. Nitraat is een andere stof die van nature in groente en drinkwater voorkomt. Op zich is dit in kleine hoeveelheden niet schadelijk, maar wel als het wordt omgezet in nitriet. Dit vindt plaats bij verhitting maar ook in het maagdarmkanaal.

Doordat nitraat en ook nitriet de groei van bacteriën remmen, worden deze stoffen ook bewust aan levensmiddelen toegevoegd (additieven). Zo wordt bij de bereiding van kaas regelmatig nitraat en/of nitriet toegevoegd, waardoor groei van bederfveroorzakende bacteriën (anaerobe sporenvormers) niet mogelijk is. Ook bij de productie van ingeblikte worsten worden deze conserverende middelen vaak toegevoegd om groei van de anaerobe pathogene bacterie *Clostridium botulinum* te voorkomen.

Via milieuverontreiniging kunnen zware metalen, dioxines en PCB's in voedsel terechtkomen. Een belangrijk kenmerk van deze stoffen is dat ze meestal langdurig in het vetweefsel worden opgeslagen.

Als gevolg van industriële bereidingsprocessen kunnen giftige stoffen ontstaan. Dit is bijvoorbeeld het geval bij de productie van frites en chips. Hierbij ontstaat de gifstof acrylamide. Daarnaast kan voedsel verontreinigd worden met Polycyclische Aromatische Koolwaterstoffen (PAK's) tijdens verbrandingsprocessen als bakken, braden en roken.

Bij groente en fruitproducten is de kans vrij groot dat resten van bestrijdingsmiddelen aanwezig zijn en producten van dierlijke komaf (melk, vlees) kunnen hormonen of resten van antibiotica bevatten.

Tabel 6.1 Aanwezigheid chemische componenten in voedsel.

Aanwezigheid in voedsel via	Soort verontreinigingen	Voorbeelden
van nature aanwezig	mycotoxinen fytotoxinen fycotoxinen allergenen nitriet/nitraat	aflatoxine, ochratoxine alkaloïden, cafeïne PSP* melkeiwit, viseiwit in groenten
milieuverontreiniging	zware metalen dioxines PCB's	kwik
bewust toegevoegd	bestrijdingsmiddelen additieven diergeneesmiddelen hormonen	herbiciden nitriet/nitraat antibiotica
industriële bereidingsprocessen	acrylamide PAK's	in frites, chips, ontbijtkoek in hoog verhitte (vetrijke) producten

* PSP is Paralytic Shellfish Poisoning.

6.2 Criteria

Van veel schadelijke stoffen in voedsel is bepaald wat een mens dagelijks mag binnenkrijgen zonder dat dat gevolgen heeft voor de gezondheid op de lange termijn. Mede aan de hand van deze gegevens zijn criteria opgesteld om de mens te beschermen. Deze criteria staan vermeld in Europese verordeningen en in de Warenwet.

De Aanvaardbare Dagelijkse Inname (Acceptable Daily Intake, ADI) is de schatting van een hoeveelheid stof die dagelijks mag worden ingenomen gedurende het gehele leven zonder noemenswaardige gezondheidsrisico's. De ADI is opgesteld voor onder andere bestrijdingsmiddelen, veterinaire middelen en additieven. Dit zijn de stoffen die op enig moment in de keten bewust zijn gebruikt.

Voor stoffen die schadelijk zijn maar in voeding niet te vermijden, kan een Tolereerbare Dagelijkse Inname (Tolerable Daily Intake, TDI) worden vastgesteld. Het is een schatting van de maximale hoeveelheid van een stof, die bij dagelijkse inname, na een levenslange blootstelling geen gezondheidsklachten tot gevolg heeft. De TDI is vastgesteld voor stoffen als dioxines, PCB's, zware metalen, acrylamide en mycotoxinen.

Voor kankerverwekkende stoffen geldt de Virtual Safe Dose (VSD). Dit is de 'nagenoeg veilige dosis', de hoeveelheid van een kankerverwekkende stof, die bij levenslange toediening aan een miljoen mensen leidt tot een extra geval van kanker (Nederlandse definitie).

De wettelijk toegestane hoeveelheid van een schadelijke stof in voedsel wordt de zogenaamde Maximum Residu Limiet genoemd (Maximum Residue Limit, MRL). Het gaat hier om de wettelijk toegestane maximale residugehaltes van stoffen in of op levensmiddelen. De MRL is een productnorm. Voor het vaststellen van de MRL's wordt een risicobeoordeling voor de volksgezondheid opgesteld. Hierbij wordt rekening gehouden met de, voor de mens geschatte, toxicologische grenswaarden (ADI, TDI).

6.3 Natuurlijke gifstoffen

In de hierna volgende paragrafen worden een aantal gifstoffen besproken die van nature in voedingsmiddelen kunnen voorkomen.

6.3.1 Mycotoxinen

Mycotoxinen zijn gifstoffen die door schimmels worden gevormd (stofwisselingsproducten). Ze kunnen in voedsel voorkomen en zijn schadelijk voor de gezondheid van zowel mens en als dier (zie ook artikel 6.1). Er bestaan verschillende soorten mycotoxinen waaronder aflatoxine, ochratoxine en deoxynivalenol (DON).

De mycotoxine vormende schimmels bevinden zich meestal in de grond. Tijdens de groei – maar ook na de oogst – van producten als granen, rijst en noten kan schimmelgroei optreden, waarbij mycotoxinen worden gevormd. Groei van schimmels is moeilijk te voorkomen, maar kan wel sterk worden teruggedrongen door op tijd te oogsten, de producten goed te drogen en ze zo droog mogelijk op te slaan.

Van een aantal mycotoxinen is bekend dat ze kankerverwekkend (carcinogeen) zijn zoals aflatoxine en ochratoxine A. Van sommige soorten mycotoxinen is (nog) niet bekend of ze kankerverwekkend zijn of ziekte tot gevolg hebben. In het algemeen geldt dat het zeer stabiele en hittebestendige verbindingen zijn. De giftige werking wordt zelfs bij verhitting tot 200-300°C gehandhaafd.

Aflatoxine kan levertumoren veroorzaken. Deze stof wordt met name gevormd door de schimmel *Aspergillus flavus* maar ook andere soorten *Aspergillus* kunnen dit mycotoxine vormen. Er bestaan vijf verschillende soorten aflatoxine: B_1, B_2, G_1, G_2 en M_1. Hiervan is aflatoxine B_1 veruit het giftigst, aflatoxine M_1 komt alleen voor in melk en melkproducten via met aflatoxine verontreinigd veevoer.

Van verschillende soorten ochratoxine is ochratoxine A de belangrijkste. Ochratoxine A is toxisch voor de nieren (veroorzaakt niertumoren), beïnvloedt het immuunsysteem en is schadelijk voor het zenuwstelsel. Dit mycotoxine wordt geproduceerd door schimmels behorend tot de *Aspergillus*- en *Penicillium*-soorten.

Van het mycotoxine DON is bij proefdieren vastgesteld dat het de snelheid van gewichtstoename tijdens de groei vermindert. Bij blootstelling aan hogere gehalten kan deze stof het afweersysteem, de weerstand, de vruchtbaarheid en de foetus aantasten. DON wordt gevormd door *Fusarium*-schimmels.

Doordat mycotoxinen regelmatig in grondstoffen aanwezig zijn, zijn ze uiteindelijk ook in producten als brood, pindakaas, wijn en gedroogd fruit aantoonbaar. Zelfs in koemelk (aflatoxine M_1).

Artikel 6.1 Mycotoxinen in levensmiddelen.

Vaak te veel mycotoxinen in levensmiddelen aangetroffen

De Voedsel en Waren Autoriteit (VWA) constateert dat in sommige onderzochte partijen van levensmiddelen te veel mycotoxinen voorkomen. Mycotoxinen kunnen schadelijk zijn voor de gezondheid. De VWA continueert haar gerichte handhavingactiviteiten op dit terrein.

Mycotoxinen komen onder andere voor in noten, granen, specerijen, gedroogde vruchten, maïs, koffie en vruchtensap. Het zijn stofwisselingsproducten van schimmels die schadelijk kunnen zijn voor de mens. Van verschillende varianten is bekend dat zij kankerverwekkend zijn. Vandaar dat op Europees niveau strenge limieten zijn vastgesteld.

Ook in 2006 heeft de VWA de meest risicovolle productgroepen onderzocht. Dat gebeurde bij de reguliere importcontrole in de haven van Rotterdam, in distributiecentra, bij grote bedrijven en in de detailhandel. Van partijen met een te hoog gehalte van een bepaald mycotoxine werd voorkomen dat zij in de handel werden gebracht.

De kwaliteit van de oogst kan per jaar verschillend zijn. Het ontstaan van mycotoxinen is namelijk afhankelijk van de temperatuur en de vochtigheidsgraad. Ook kan de kwaliteit van de producten uit het land van herkomst jaarlijks afwijken. De VWA vindt dat de handel en de producenten de problematiek nog onvoldoende onder controle hebben. De gerichte handhavingsactiviteiten van de VWA blijven daarom noodzakelijk.

Bron: VWA nieuwsbericht, 26 juli 2007.

6.3.2 Fytotoxinen

In de meeste plantaardige producten zitten van nature hele kleine hoeveelheden schadelijke stoffen (fytoxinen), waarvan je bij een normaal eetpatroon niets of weinig merkt. Voorbeelden van deze stoffen zijn cafeïne in koffiebonen, solanine in aardappelen, glycyrrhizine in zoethout en cyanogenen in cassave. Waarschijnlijk beschermen deze stoffen de plant tegen aantasting door bacteriën, schimmels of dieren. Beperkte hoeveelheden van deze stoffen zijn niet schadelijk voor de gezondheid. Enkele van deze stoffen worden hierna toegelicht.

Cafeïne

Cafeïne komt van nature voor in koffie en in kleinere hoeveelheden in thee en cola. Ook zogenaamde 'energy drinks' met bijvoorbeeld guarana kunnen veel cafeïne bevatten.

Cafeïne werkt stimulerend op de hersenen, nieren, maag en darmen. Het verdrijft het gevoel van vermoeidheid. Ook verbetert cafeïne het geheugen enigszins. Wie te veel cafeïne binnenkrijgt, kan last krijgen van rusteloosheid, beven, duizeligheid, suizende oren en hartkloppingen. Te veel cafeïne kan het ook moeilijk maken in slaap te vallen. Ten slotte zorgt cafeïne voor een snellere uitscheiding van vocht uit het lichaam via de urine.

Bevat een kant-en-klare drank meer dan 150 mg cafeïne per liter, dan moet verplicht op de verpakking vermeld worden: 'hoog cafeïnegehalte'.

Glycyrrhizine

De stof glycyrrhizine is het bestanddeel van zoethoutwortelextract dat voor de zoete en karakteristieke smaak van zoethout zorgt. Zoethoutwortelextract is de belangrijkste grondstof van drop en wordt ook gebruikt in bepaalde dranken, kauwgum, hoestdrank, keelpastilles, thee en tabak.
Glycyrrhizine heeft via de hormoonhuishouding invloed op de werking van de nieren. Door inname van grote hoeveelheden glycyrrhizine gedurende een langere periode (door veel drop te eten of zoethouthoudende thee te drinken), kan na verloop van tijd een verhoogde bloeddruk, vochtophoping (oedeem) en een tekort aan het mineraal kalium ontstaan. Een enkele keer te veel drop eten of op een andere manier te veel glycyrrhizine binnenkrijgen heeft geen gezondheidsrisico's.

Bevat een product minimaal 100 mg glycyrrhizine per kilogram of 10 mg glycyrrhizine per liter, dan moet op de verpakking worden vermeld 'bevat zoethout', tenzij het woord zoethout al voorkomt in de lijst van ingrediënten of in de naam van het product. Bij hogere gehaltes geldt de verplichting dat op het etiket een waarschuwing voor mensen met een hoge bloeddruk moet worden vermeld.

Alkaloïden

Alkaloïden in aardappelen en onrijpe tomaten, zijn alleen in grote hoeveelheden giftig voor de mens.
Solanine is het alkaloïde dat van nature voorkomt in aardappelen, met name in de schil van onrijpe aardappelen maar ook in de uitlopers van oudere aardappelen. In onrijpe tomaten zit de stof tomatine, dat aan solanine verwant is en een vergelijkbare werking heeft.
Te veel alkaloïden kan koorts, slaperigheid, lusteloosheid, buikpijn, diarree, overgeven, zwakheid en depressie veroorzaken.

Cyanogenen
In exotische knolgewassen zoals cassave, maar ook in vlierbessen, lijnzaad en bittere amandelen zitten zogenaamde cyanogenen. Na het eten van deze voedingsmiddelen kunnen deze stoffen in het menselijke lichaam worden omgezet in de giftige stof cyanide. Een hoge dosis van deze stof kan de ademhaling belemmeren en een hartstilstand veroorzaken.

De vorming van cyanide is te voorkomen door een juiste bereidingswijze en gebruik. In Nederland en andere westerse landen komt vergiftiging door cyanide zeer zelden voor. In Afrika veroorzaakt langdurig gebruik van voedingsmiddelen met cyanogenen soms aandoeningen als krop en kreupelheid. Het cyanide uit cassave bindt jodium. Een hoge consumptie van cassave in combinatie met een te lage jodiuminname kan daardoor tot krop leiden.

Lectinen
In rauwe peulvruchten zoals bonen, linzen, erwten en kapucijners, maar ook in sperziebonen en snijbonen, zitten zogenaamde lectinen. Dit zijn stoffen die schadelijk kunnen zijn voor mensen die deze bonen rauw of onvoldoende verhit eten. Ze kunnen de werking van de darmen ernstig ontregelen en bij langdurige consumptie de nieren beschadigen.
De symptomen van een dergelijke lectinevergiftiging zijn braken, koorts en lichte diarree. Soms treedt ook een daling van de bloeddruk op.

Agaritine
In rauwe paddenstoelen, zoals champignons en shii-takes, komt van nature agaritine voor. Deze stof zou in grote hoeveelheden kankerverwekkend voor mensen zijn. In ieder geval is aangetoond dat ze kankerverwekkend zijn voor muizen. Om deze reden raadt het Voedingscentrum af rauwe paddenstoelen te consumeren.

Kruiden
Kruiden bevatten van nature aromastoffen die smaak en geur geven aan voedingsmiddelen. De meeste aromastoffen in kruiden zijn onschadelijk. Van sommige stoffen is bekend dat ze bij dieren in grote hoeveelheden schadelijk kunnen zijn. Over de risico's voor de mens is weinig bekend. Beperkt gebruik kan naar alle waarschijnlijkheid geen kwaad. Aromastoffen waarvan vermoed wordt dat ze schadelijk kunnen zijn, mogen niet meer in zuivere vorm als smaakstof worden toegevoegd aan levensmiddelen.

Aan de hand van dierproeven zijn er aanwijzingen dat de volgende aromastoffen mogelijk schadelijk zijn: coumarine (in kaneel), estragol (in anijs, dragon, venkel en basilicum), methyleugenol (in piment, basilicum, nootmuskaat en dragon) en safrol (in nootmuskaat, kaneel, sassafras en dong quai).

6.3.3 Fycotoxinen

Fycotoxinen (algengifstoffen) worden van nature geproduceerd door algen. Schelpdieren zoals mosselen, oesters en kokkels krijgen deze gifstoffen via hun voedsel (algen) binnen. De schelpdieren die deze stoffen via hun voedsel hebben opgenomen, kunnen ziekte bij mensen veroorzaken na consumptie van besmette schelpdieren (zie ook artikel 6.2).

De gevolgen van een dergelijke vergiftiging zijn afhankelijk van de hoeveelheid en soort gifstof in schelpdieren. In Europa worden schelpdieren pas gevangen of ingevoerd na controle op fycotoxinen. Hierdoor is de kans op schelpdieren met te hoge gehaltes gifstoffen zeer beperkt.

Er zijn vier soorten fycotoxinen. Vergiftiging door deze stoffen kan leiden tot de volgende klachten:
- verlammingsverschijnselen ('paralytic shellfish poison' veroorzaakt door zogenaamde PSP-algen);
- diarree ('diarrhetic shellfish poison' veroorzaakt door DSP-algen);
- geheugenverlies ('amnesic shellfish poison' veroorzaakt door ASP-algen);
- aantasting van het zenuwstelsel ('neurotoxic shellfish poison' veroorzaakt door NSP-algen).

Door koken en steriliseren kunnen de PSP-gehaltes in schelpdieren met zeventig tot negentig procent afnemen. Op de andere algengifstoffen heeft dit geen invloed.

Artikel 6.2 Fycotoxinen in schelpdieren.

Zelfgeraapte schelpdieren momenteel niet veilig

DEN HAAG – Langs de Nederlandse kust en in het Grevelingenmeer zijn in schelpdieren gifstoffen aangetroffen, afkomstig van algen. Consumptie van oesters, mosselen, kokkels en andere schelpdieren met deze gifstoffen veroorzaakt misselijkheid, buikkrampen en diarree. Daarom adviseert het Voedingscentrum voorlopig geen zelfgeraapte Nederlandse schelpdieren te eten. Schelpdieren in winkels en restaurants zijn wel veilig. Uit voorzorg heeft het Productschap Vis het hele gebied rond het Grevelingenmeer, de Noordzee, de Waddenzee en de Eems gesloten voor de schelpdiervisserij.

Met name bij het Grevelingenmeer en de Noordzeekust tussen IJmuiden en Petten zijn algengifstoffen in schelpdieren aangetroffen. Het Oosterscheldegebied is wel veilig verklaard. De schelpdieren die in de winkel liggen of in restaurants worden aangeboden, bevatten geen algengifstoffen: ze zijn opgevist voordat het probleem zich voordeed of komen uit een ander gebied. De besmette schelpdieren die al boven water waren gehaald, zijn niet verkocht. De zorg bestaat dat mensen in de komende vakantieperiode zelf schelpdieren verzamelen en opeten. Schelpdieren die worden gevonden bij de Noordzee, het Grevelingenmeer en de Waddenzee kunnen algengifstoffen bevatten en zijn daarom niet geschikt voor consumptie. Algengifstoffen komen bijna jaarlijks terug in het zich opwarmende zeewater in de lente. Ze hopen zich op in schelpdieren doordat deze het zeewater filteren en zich voeden met algen. Bij vissen speelt dit probleem niet. Om tijdig in te kunnen grijpen, wordt het zeewater regelmatig gecontroleerd op de aanwezigheid van algengifstoffen. De gifstoffen waar het om gaat zijn Diarrhetic Shellfish Poison (DSP) en Amnesic Shellfish Poison (ASP). ASP is aangetroffen voor de Noord-Hollandse kust, DSP in het Grevelingenmeer. Bij DSP treedt al vanaf dertig minuten na consumptie diarree, misselijkheid en buikpijn op, bij ASP komen de ziekteverschijnselen pas na enkele dagen naar voren. ASP kan ook hoofdpijn en geheugenverlies veroorzaken.

Bron: Culinairnet.nl, mei 2002.

6.3.4 Allergenen
Sommige mensen reageren overgevoelig op specifieke stoffen in voedsel. Bijna altijd is het een eiwit in voedsel dat voor deze reactie zorgt. Deze stoffen worden allergenen genoemd.
De overgevoeligheid komt tot stand doordat het immuunsysteem een extreme respons geeft op het allergeen dat het lichaam is binnengekomen. Het veroorzaakt een kettingreactie in het immuunsysteem waarbij antilichamen worden vrijgegeven in het lichaam. Vervolgens zorgen deze antilichamen ervoor dat chemische stoffen als histamine vrijkomen. Deze stoffen veroorzaken de symptomen van de allergische reactie zoals jeuk, hoesten, ademhalingproblemen of een loopneus. Een heel kleine hoeveelheid van een allergeen is al voldoende voor een allergische reactie.

De meeste allergische reacties zijn betrekkelijk mild; er zijn echter mensen die als gevolg van een zware voedselallergie in een zogenaamde anafylactische shock komen. Dit is een plotselinge daling van de bloeddruk die dodelijk kan zijn zonder snelle hulp (toedienen adrenaline-injectie). Dit verschijnsel kan al optreden binnen enkele minuten na de blootstelling aan het betreffende voedsel. Voornamelijk pinda's zijn een bekende veroorzaker van een anafylactische shock. Sommige allergische reacties uiten zich pas na enkele uren of dagen. Symptomen hiervan richten zich met name op de longen, de huid en de ingewanden.

Veel voorkomende voedselallergieën zijn overgevoeligheid voor koemelk, soja, eieren, pinda's, noten en schaal- en schelpdieren. Sommige mensen reageren allergisch op fruit als appel, kiwi en mango.

Voor enkele wettelijk vastgestelde voedselallergenen geldt dat ze verplicht op het etiket moeten worden vermeld. Dit kan zijn in de ingrediëntendeclaratie of door aan te geven 'bevat ...', tenzij uit de naam van het product blijkt dat het een of meerdere allergene ingrediënten bevat.
Het gaat om de volgende soorten allergenen: glutenbevattende granen, schaal- en schelpdieren, eieren, vis, aardnoten, soja, melk, schaalvruchten (noten), selderij, mosterd, sesamzaad, zwaveldioxide, sulfiet en lupine.

Door productiefouten in levensmiddelenbedrijven blijkt het soms toch mogelijk dat allergene grondstoffen opduiken in producten waarin ze niet thuishoren (zie artikel 6.3).

Artikel 6.3 Pinda's in AH Chocolade rozijnen melk.

AH Chocolade rozijnen melk

Albert Heijn haalt per direct AH Chocolade rozijnen melk, verpakt in 225 grams cup met de houdbaarheidsdatum 14-03-2008 terug uit de winkels. De datum staat op de wikkel om de verpakking.

Reden voor de maatregel is dat het kan voorkomen dat er pinda's in het product zijn verwerkt in plaats van rozijnen. Dit kan schadelijk zijn voor kleine kinderen of voor klanten met een allergie. De waarschuwing geldt alleen voor de verpakkingen met houdbaarheidsdatum 14-03-2008.

Klanten die het product terugbrengen naar de winkel ontvangen het aankoopbedrag retour. Voor nadere inlichtingen kunnen klanten contact opnemen met de gratis servicelijn van Albert Heijn, telefoon 0800 0305.

Bron: Consumentenbond, januari 2008.

Voedselintolerantie

Een voedselintolerantie wordt regelmatig verward met voedselallergie. Voedselintolerantie is echter een ander type overgevoeligheid. Het immuunsysteem speelt daarbij geen rol. De reactie wordt veroorzaakt door de slechte verteerbaarheid of opname van een specifieke voedingsstof in het lichaam. Zo kan een bepaald enzym ontbreken dat normaal gesproken verantwoordelijk is voor de afbraak van een voedingsstof zodat opname/vertering door het lichaam mogelijk is.

Een bekend voorbeeld is lactose-intolerantie. Sommige mensen kunnen het in melk aanwezige lactose niet verteren doordat ze niet of onvoldoende van het enzym lactase vormen. Lactase zorgt ervoor dat lactose wordt afgebroken, waarna opname in het lichaam mogelijk is. Niet verteerde lactose geeft klachten als winderigheid, buikpijn en soms diarree.

Een ander voorbeeld is glutenintolerantie (coeliakie). Gluten zijn eiwitten die in sommige granen als tarwe, rogge en gerst en daarvan afgeleide producten voorkomen. Bij coeliakiepatiënten is het enzym transglutaminase verhoogd. Dit enzym kan de specifieke eiwitten omzetten in andere verbindingen die, voor zover bekend, leiden tot auto-immuunreacties. Deze auto-immuunreacties leiden tot beschadiging van de cellen van darmvlokken. De symptomen zijn onder andere diarree, vettige ontlasting, buikpijn en gewichtsverlies.

Soms kan een en hetzelfde product zowel een allergische als een intolerantie reactie veroorzaken.

Mensen kunnen bijvoorbeeld allergisch reageren op eiwit dat in koemelk aanwezig is. Daarnaast kunnen sommige mensen lactose uit koemelk niet verteren (lactose-intolerantie) doordat ze niet of onvoldoende lactase vormen. Dit enzym zorgt ervoor dat lactose wordt afgebroken door het lichaam.

Voor tarwe geldt een zelfde verhaal. Een allergische reactie is mogelijk op het tarwe-eiwit, maar daarnaast kan men intolerant zijn voor de gluten in tarwe (coeliakie).

6.3.5 Nitraat en nitriet

Nitraat is een stof die van nature in drinkwater en groenten voorkomt. Het is nauwelijks schadelijk voor mensen. Nitraat is alleen bij inname van zeer grote hoeveelheden schadelijk.

Door het bewaren en bereiden van groente en in het maagdarmkanaal wordt nitraat gedeeltelijk omgezet in nitriet, dat wel schadelijk is. Daarom wordt aangeraden niet vaker dan twee keer per week nitraatrijke groente* te eten.

---

* Nitraatrijke groenten zijn andijvie, rode bieten, snijbiet, bleekselderij, Chinese kool, koolrabi, paksoi, postelein, raapstelen, waterkers, alle soorten sla, spinazie, spitskool en venkel.

Hoeveel nitraat groenten precies bevatten, is afhankelijk van het groenteras en de hoeveelheid (kunst)mest en licht die de groente krijgt tijdens de groei. Het nitraatgehalte in groente stijgt door het gebruik van veel (kunst)mest. De hoeveelheid nitraat neemt ook toe bij weinig licht. Zomergroenten bevatten zodoende minder nitraat dan tijdens de winter geoogste groenten.

Nitraat kan op verschillende manieren worden omgevormd tot nitriet. Nitriet ontstaat bijvoorbeeld door de werking van bepaalde bacteriën in het lichaam, maar ook door nitraathoudend voedsel te verhitten. In het lichaam verdwijnen kleine hoeveelheden nitriet snel door reacties met andere stoffen. Nitriet wordt in het lichaam door het maagzuur en de rest van de stofwisseling weer omgezet in nitraat dat het lichaam in een andere vorm (ureum) via de urine verlaat. Baby's jonger dan 6 maanden hebben een lage maagzuurproductie waardoor ze op basis van het voedsel meer nitriet vormen in hun lichaam. Ook bindt nitriet bij baby's beter aan eiwitten die voor zuurstoftransport zorgen. Het gevolg kan een zuurstoftekort zijn. Vooral in de jaren zestig en zeventig leidde dit herhaaldelijk tot 'blauwe baby's'.

Soms wordt nitraat en/of nitriet bewust (als additief) aan een levensmiddel toegevoegd om groei van bacteriële pathogenen te voorkomen. Zie 6.7 voor meer informatie.

Nitrosamines

Door een reactie van nitriet met bepaalde eiwitten kunnen nitrosamines gevormd worden. Nitrosamines zijn schadelijk voor het lichaam omdat ze kankerverwekkend kunnen zijn. Door binding aan het erfelijk materiaal van mensen kunnen nitrosamines na verloop van tijd tumoren veroorzaken. Dierproeven hebben deze mogelijkheid aangetoond.

In de mens zelf is de vorming van nitrosamines in principe mogelijk. In het lichaam kan nitriet, onder bepaalde omstandigheden, gedeeltelijk omgezet worden in nitrosamines. Dit zou vooral plaatsvinden door een reactie van nitriet met de eiwitten die met name in vis, schaal- en schelpdieren voorkomen.

Om deze reden ontraadt het Voedingscentrum nitraatrijke groenten in combinatie met vis te consumeren. Maar de meningen daarover zijn verdeeld. Er is uitgegaan van de resultaten van proefdieronderzoek die geëxtrapoleerd zijn met enkele conservatieve aannames. Daarnaast is er geen rekening gehouden met het vermogen van de voedselmatrix en vitamine C om nitrosaminevorming tegen te gaan. Ook blijken gegevens uit epidemiologisch onderzoek (onderzoek onder de bevolking) te ontbreken.

Door het toevoegen van nitraat en/of nitriet aan vleeswaren kunnen nitrosamines ontstaan in het product, door een reactie van aminozuren met nitriet. Uit recent onderzoek blijkt echter dat het gehalte aan nitrosamines in vleeswaren laag is.

6.4 Bestrijdingsmiddelen

Bestrijdingsmiddelen (pesticiden) beschermen gewassen tegen plagen tijdens de teelt, de verwerking, de opslag en het transport. Ze worden bijvoorbeeld gebruikt om groei van schimmels tegen te gaan of vraat van insecten te voorkomen. Pesticiden worden gesproeid of verstuifd op de plant of als korrels op de aarde gestrooid. De middelen dringen vaak door in het product, waardoor het wassen en schillen van fruit of groente weinig effect heeft.

Pesticiden zijn onder te verdelen in de volgende vijf groepen:
- herbiciden: dit zijn onkruidbestrijdingsmiddelen;
- fungiciden: deze middelen weren schimmelgroei;
- insecticiden: ter bestrijding van insecten;
- rodenticiden: gaan knaagdieren tegen;
- nematiciden: bestrijden bodemaaltjes.

Herbiciden worden gebruikt ter bestrijding van onkruid. Deze middelen hebben zeer verschillende chemische samenstellingen. Het hangt af van de samenstelling hoe de mens deze middelen opneemt, welke schadelijke gevolgen ze hebben en of ze achterblijven in het lichaam.

Sommige fungiciden kunnen erg lang in het lichaam opgeslagen blijven en hebben mogelijk schadelijke gevolgen voor de lever.

De belangrijkste groep insecticiden zijn de zogenaamde organische fosforverbindingen zoals parathion, diazinon, en azinfosmethyl. Deze middelen kunnen door inademing of via de huid het zenuwstelsel en het spierweefsel van de mens beschadigen. Deze stoffen blijven niet achter in het lichaam.

Rodenticiden worden ingezet om knaagdieren te bestrijden. Sommige rodenticiden zijn zeer giftig en zelfs levensbedreigend. Nematiciden worden in de land- en tuinbouw gebruikt ter bestrijding van zogenaamde bodemaaltjes. Dit zijn een soort wormpjes die de wortels van gewassen aantasten.

Pesticiden zijn uitgebreid getest op mogelijke risico's voor mens en milieu. Als een middel is toegelaten, is ook bepaald hoe het moet worden gebruikt, waardoor er weinig of niets in een levensmiddel achterblijft. Er wordt bijvoorbeeld bepaald hoeveel dagen er gewacht moet worden na het gebruik van het bestrijdingsmiddel voordat het gewas mag worden geoogst.

Voor elk middel zijn grenzen gesteld aan de hoeveelheid die mensen dagelijks binnen mogen krijgen (de ADI) en de hoeveelheid die achter mag blijven in een product, de MRL. Desondanks blijkt uit onderzoek van de Voedsel en Waren Autoriteit (VWA) dat regelmatig de wettelijke normen worden overschreden in het geval van groenten en fruit (zie artikel 6.4).

Artikel 6.4 Bestrijdingsmiddelen op groenten en fruit in Nederlandse supermarkten.

Te veel gif in fruit uit supermarkt
Door Caspar Naber Jeroen Schutijser

DEN HAAG – Groente en fruit in de Nederlandse supermarkten bevatten te veel resten van bestrijdingsmiddelen. Dat blijkt uit cijfers van de Voedsel en Waren Autoriteit (VWA). Toch bevatten de Nederlandse producten nog altijd minder bestrijdingsmiddelen dan buitenlandse producten.
In paprika, aubergine en sla zitten veel restanten van bestrijdingsmiddelen. Paprika en sla danken de slechte score aan het feit dat ze vaak uit Spanje komen. Daardoor bevatten ze net als tomaten vier- tot negenmaal meer gifresten dan dezelfde producten uit Nederland. Groenten als champignons, witte kool en rode bieten bevatten daarentegen weinig gifresten. Bij het fruit scoren mandarijnen, druiven en appels het slechtst en kiwi's, mango's en pruimen het beste.

De resultaten zijn afkomstig van steekproeven door de VWA in zeven supermarktketens in Nederland. Allemaal bleken ze de wettelijke normen te overtreden. Toch scoort de ene supermarkt beter dan de andere volgens milieuorganisatie Milieudefensie. Albert Heijn kwam als beste naar voren; C1000 scoort het slechtst. Milieudefensie presenteert morgen een 'Groente fruit Wijzer', een handzaam kaartje dat laat zien welke supermarkten het schoonste groente- en fruitassortiment hebben.

Bron: Algemeen Dagblad, december 2007.

6.5 Gifstoffen via milieuverontreiniging

Giftige stoffen die als gevolg van milieuverontreiniging in voedsel terechtkomen zijn de zware metalen (cadmium, lood, kwik en tin) en de dioxines en PCB's. Deze stoffen worden hierna besproken.

6.5.1 Zware metalen

Zware metalen zijn metalen met een hoog atoomgewicht en zijn daarnaast giftig. De zware metalen die via voedsel kunnen worden overgedragen zijn: cadmium, lood, kwik en tin.
Zware metalen komen voor in de aarde, in gebruiksvoorwerpen, brandstoffen, verf en bestrijdingsmiddelen. Via lucht en drinkwater kunnen mensen in aanraking komen met lood, via de voeding met cadmium, kwik, tin en lood. Planten nemen de zware metalen uit de bodem en de lucht op. De hoeveelheden lood, cadmium, kwik en tin blijven in Nederland onder de gestelde veiligheidsnormen (MRL).

Cadmium
Cadmium komt voornamelijk in het milieu terecht door metaalwinning, afvalverbranding, opslag van autowrakken en via meststoffen met fosfaten. Het bindt aan gronddeeltjes, waardoor rivierslib grote concentraties cadmium kan bevatten, leidend tot hoge concentraties in schelpdieren.

De meeste cadmium zit in schaal- en schelpdieren, vis, sommige wilde paddenstoelen en orgaanvlees zoals lever en niertjes. In rijst, granen, bladgroenten en brood zitten kleine hoeveelheden. Ook in vlees kan de stof voorkomen.

Cadmium wordt voor veertig tot tachtig procent opgeslagen in de nieren en de lever. Het is van invloed op de nieren, lever, botten en bloedvormende organen. Verder kan het botontkalking (osteoporose) veroorzaken en is het schadelijk voor het ongeboren kind. Daarnaast blijkt uit onderzoek dat het kankerverwekkend is voor mensen.

Kwik
Kwik komt van nature voor in rotsen en in de bodem. Het metaal wordt onder andere gebruikt in lampen en thermometers. Kwik komt ook vrij bij de winning en verbranding van aardgas, kolen en olie.

Er wordt onderscheid gemaakt tussen organisch kwik en anorganisch kwik. Methylkwik is een voorbeeld van organisch kwik. Het kwik zoals het in thermometers wordt gebruikt, is anorganisch kwik.
Anorganisch kwik toegepast in legeringen (amalgaam vullingen) en zouten wordt metallisch kwik genoemd.

Kwik is mogelijk kankerverwekkend voor de mens. De giftigheid hangt af van de dosering en het type kwik. Methylkwik is giftiger dan metallisch kwik. Opname van kwik vindt plaats via voedsel, maar kan ook via inademing worden opgenomen. Mensen nemen met name methylkwik goed op. Het duurt circa 70 dagen voordat de helft van het opgenomen kwik is verdwenen.

Kwik komt via het milieu terecht in vis, vlees, melk, fruit en groente, waarvan vooral vis de belangrijkste bron van methylkwik is. Met name roofvissen die lang leven (zwaardvis, haai en koningsmakreel) bevatten veel kwik. Het stapelt zich op en verdwijnt pas na zes tot acht jaar.
In Nederland is snoekbaars een vissoort met relatief veel kwik. Andere veelgegeten vissoorten zoals gewone makreel, haring, zalm, tonijn, kabeljauw en gekweekte paling bevatten minder kwik. Alle vissoorten in Nederland blijven ruimschoots onder de wettelijke norm (MRL).

Lood
Via het milieu (onder andere via uitlaatgassen) komt lood terecht in vlees, niertjes, lever, vis, schaal- en schelpdieren, granen, bladgroenten (vooral boerenkool), aardappelen, fruit en zuivel. Een andere bron zijn loden drinkwaterleidingen. In de binnenstad van grote steden kunnen in spaarzame gevallen nog loden waterleidingen aanwezig zijn.

Lood wordt via het maagdarmkanaal opgenomen in het lichaam. Dat gebeurt meer naarmate de voeding minder ijzer en calcium bevat. Calcium remt de opname van lood en blokkeert de opslag in het lichaam. Lood dat door het lichaam is opgenomen, wordt voor het grootste gedeelte opgeslagen in de botten en verder in de nieren. Via de urine kan lood het lichaam weer verlaten.

Te veel lood verstoort het ijzergehalte in het bloed. Lood geeft de grootste risico's op gezondheidsschade bij ongeboren baby's en jonge kinderen (van 0 tot twaalf jaar). Bij (jonge) kinderen belemmert een hoge concentratie lood in het bloed de werking van de zenuwen, wat bijdraagt aan concentratieproblemen en verminderde intelligentie. Verder kan een langdurige blootstelling aan lood leiden tot een verhoogd risico op hoge bloeddruk.

Tin

Tin komt van nature voor in de bodem en bevindt zich zodoende in lage concentraties in voedsel.
Het wordt gebruikt om blik mee te maken, in bestrijdingsmiddelen en bij industriële processen.

Het menselijk lichaam neemt tin alleen makkelijk op als het is verbonden aan organische stoffen (koolwaterstoffen), zoals in pesticiden (bestrijdingsmiddelen). Andere soorten tin, bijvoorbeeld uit blik (metallisch tin), worden moeilijk opgenomen.
Meer dan negentig procent van het tin dat mensen en dieren binnenkrijgen, wordt uitgescheiden via de ontlasting. Bij minder dan honderd microgram per dag, wordt de helft uitgescheiden. Tin wordt beperkt opgeslagen in weefsels: harde weefsels zoals bot bevatten meer tin dan zachte zoals lever.
Langdurige blootstelling aan te veel tin kan leiden tot groeiachterstand bij kinderen, verminderde weerstand, bloedarmoede en effecten op de botaanmaak. Daarnaast kan de aanwezigheid van tin ertoe leiden dat het lichaam minder zink en koper uit het eten opneemt.

Vroeger kregen mensen tin binnen door het eten van ingeblikte voedingsmiddelen. Tegenwoordig zijn in Nederland alle blikken aan de binnenzijde gelakt waardoor het tin niet meer in aanraking komt met het voedsel. Deze laklaag is te zien aan de witte of gladde, spiegelende binnenkant. De laklaag is flexibel, zodat deze bij het deuken van het blik niet snel beschadigt.

In andere werelddelen kunnen nog wel ongelakte blikken worden verkocht. Voedsel afkomstig uit deze blikken kan relatief veel tin bevatten. Als vervolgens na opening het voedsel enkele dagen wordt bewaard in het blik, neemt de hoeveelheid tin in het voedsel verder toe. Dit is mede afhankelijk van de temperatuur, de zuurgraad en het nitraatgehalte van het voedsel. Hoe hoger de temperatuur, hoe meer tin in het voedsel. Zure en nitraatrijke producten zijn in staat tin snel op te nemen.

6.5.2 Dioxines en PCB's

Dioxines en dioxine-achtige verbindingen zoals Poly Chloorbifenylen (PCB's) zijn chemische afvalstoffen die vooral ontstaan bij verbrandingsprocessen. Deze stoffen kunnen via het milieu en het voedsel door mensen worden opgenomen en zijn schadelijk voor de gezondheid. Dioxines en PCB's verminderen de vruchtbaarheid en de weerstand en zijn kankerverwekkend bij grote hoeveelheden.

Via de huid en de lucht krijgen mensen maar weinig dioxines en PCB's binnen. De belangrijkste oorzaak (ten minste 90%) van de opname van deze stoffen in het lichaam, is met dioxines en PCB's besmet voedsel. Doordat deze stoffen moeilijk afbreekbaar zijn, hopen ze zich op in het vetweefsel van de dieren die het langste leven.
Met name door het eten van besmet vlees, melk(producten), eieren en vis, nemen mensen de dioxine-achtige stoffen op, die vervolgens in het lichaamsvet worden opgeslagen en zich daar ophopen.
Ook moedermelk bevat een beperkte hoeveelheid dioxines en PCB's. Desondanks wordt moedermelk wel aanbevolen. Het bevat veel beschermende stoffen die belangrijker zijn voor de baby.

Dioxines en PCB's hebben kankerverwekkende eigenschappen doordat deze stoffen in staat zijn door te dringen tot de kern van de lichaamscellen. In de cellen kunnen deze stoffen de aanmaak van eiwitten en daarmee processen die met de celdeling te maken hebben, beïnvloeden. Het is mogelijk dat daardoor op de lange duur tumoren ontstaan. In kleinere hoeveelheden zijn bij dieren ook schadelijke gevolgen vastgesteld voor de vruchtbaarheid, weerstand en ontwikkeling.

Met een gevarieerde voeding is het risico op een te hoge inname in Nederland beperkt. Door minder dierlijke producten te eten en te kiezen voor halfvolle of magere producten wordt de inname van dioxines en PCB's enigszins beperkt. Dat kan ook door voorzichtig te zijn met (vette) vis uit sterk vervuild water. Zo bevat paling uit de Nederlandse rivieren nog (te) hoge gehalten aan dioxines en PCB's. De meeste paling uit de winkel komt echter van kwekerijen en is veilig omdat het veel minder dioxine-achtige stoffen bevat.
Uit onderzoek van het RIKILT-instituut blijkt dat eieren van vrije-uitloopkippen meer dioxines en dioxine-achtige PCB's bevat dan eieren uit de bio-industie (zie artikel 6.5).

Artikel 6.5 Dioxine in eieren.

Veel dioxines in vrije uitloop eieren

WAGENINGEN – Eieren van kippen met vrije uitloop bevatten meer dioxines en dioxine-achtige PCB's dan eieren uit de bio-industrie. Ongeveer vijftien procent van de eieren zit zelfs boven de norm, soms extreem veel. Dat blijkt uit publicaties van onderzoeksinstituut RIKILT, onderdeel van Wageningen UR.
Onderzoekers weten al enkele jaren dat eieren van kippen die buiten lopen gemiddeld drie keer meer dioxines en dioxine-achtige PCB's bevatten dan gangbare eieren. Het dioxineprobleem speelt vooral op kleinere bedrijven, en niet op de grotere commerciële bedrijven. 'Dat komt waarschijnlijk doordat kippen op kleinere bedrijven vaker buiten lopen', zegt dr. Ron Hoogenboom van RIKILT. 'Als kippen vaker buitenlopen, bevatten hun eieren meer dioxines. Kippen graven als ze buiten zoeken naar voedsel. Ze krijgen grond binnen als ze hun voer oppikken, en daarmee de gevaarlijke chloorverbindingen.'

De meeste risico's lopen mensen die zelf op kleine schaal kippen houden, en hun eigen eitjes eten, of vaste klanten van kleine bedrijven, schrijven de onderzoekers in Molecular Nutrition and Food Research. 'Als je de normen voor de inname niet wilt versoepelen, dan komt het erop neer dat grote gebieden in West-Europa eigenlijk te vies zijn om kippen voortdurend buiten te laten lopen', aldus Hoogenboom.

Het vlees van scharrelkippen is goed, bleek al uit eerdere studies. 'Vleeskippen groeien snel', zegt Hoogenboom. 'Daardoor verdunnen de dioxines als het ware, en blijft het vlees onder de norm. Het probleem zit hem vooral in de eieren, waar de gevaarlijke stoffen zich ophopen in de vetten van de dooier.'

Bron: Koert, W., mei 2006.

6.6 Diergeneesmiddelen en hormonen

6.6.1 Antibiotica

Antibiotica zijn geneesmiddelen en worden gebruikt om infecties bij dieren te voorkomen en te bestrijden. Gebruik van deze middelen remt de groei of vermenigvuldiging van bacteriën, of beschadigt de celwand waardoor afdoding plaats vind.
Gebruik van antibiotica in de veehouderij mag alleen op voorschrift van een dierenarts. De toepassing kan het genezen van een ziek dier zijn, bijvoorbeeld een uierontsteking bij een koe. Het kan ook gaan om het voorkomen van het

verspreiden van een ziekte waarvan de eerste signalen zijn waargenomen. Hele veestapels krijgen dan het betreffende antibioticum. In de praktijk wordt 90% van de antibiotica op deze koppelgewijze manier toegepast.

Na gebruik van antibiotica geldt een wachttijd waarbinnen er geen dieren of producten van de behandelde dieren voor de slacht of consumptie mogen worden aangeboden. Na deze wachttijd zijn er praktisch geen resten antibiotica meer te vinden in het vlees of de melk van het dier. Om dit te controleren zijn er zogenaamde maximale residulimieten (MRL's) vastgesteld voor de geneesmiddelen die bij dieren worden gebruikt. In Nederland komt overschrijding van deze maximale hoeveelheid in levensmiddelen zelden voor.

Een belangrijk gevaar van het gebruik van antibiotica is het optreden van resistentie bij bacteriën, waardoor ze moeilijker te bestrijden zijn (zie ook artikel 6.6 van RIKILT). Ze kunnen niet alleen resistent worden tegen het gebruikte middel, maar ook tegen vergelijkbare middelen. Resistente bacteriën kunnen van dier op mens worden overgedragen of via het vee in het voedsel terechtkomen. Als deze het verteringsproces in het maagdarmkanaal overleven, is het mogelijk dat de resistente bacteriën zich in de darmen van mensen nestelen of dat resistentiegenen aan de darmbacteriën worden overgedragen.

Tot enkele jaren geleden werden antibiotica ook gebruikt als groeibevorderaar. Sinds 2006 is dit echter verboden. Ondanks dit verbod neemt het gebruik van antibiotica toe.

Artikel 6.6 Meer resistente bacteriën als gevolg van toegenomen antibioticagebruik.

Steeds meer resistente bacteriën in veehouderij

WAGENINGEN – Het aantal antibioticumresistente bacteriën in de veehouderij blijft groeien als gevolg van toegenomen antibioticagebruik. Dat stelt het Centraal Veterinair Instituut (CVI) van Wageningen UR, die de bacteriën onderzocht samen met het RIVM, de Voedsel en Waren Autoriteit (VWA), de Gezondheidsdienst voor Dieren en de Faculteit Diergeneeskunde in Utrecht.

Naast de opmars van MRSA, de zogeheten ziekenhuisbacterie die resistent is tegen meerdere soorten antibiotica, baart vooral de snelle toename van bacteriën die Extended Spectrum Beta-Lactamase produceren de onderzoekers zorgen. Deze ESBL's, die vooral bij pluimvee voorkomen, zijn ongevoelig voor meerdere belangrijke antibiotica, waardoor de kans op herstel tijdens

een infectie kleiner wordt. Deze bacteriën komen ook vaker voor bij de mens, bijvoorbeeld bij urineweginfecties en in ziekenhuizen.
Terwijl de MRSA-bacterie voornamelijk wordt overgedragen naar de mens via direct contact, loopt de overdracht van de ESBL's naar de mens mogelijk ook via de voedselketen, vermoedt het onderzoeksteam onder leiding van prof. Dik Mevius van het CVI. Hun bevindingen staan in het rapport MARAN 2007 (Monitoring of Antimicrobial Resistance and Antibiotic Usage in Animals in the Netherlands).

De groeiende antibioticaresistentie van bacteriën is het gevolg van toegenomen antibioticagebruik. MARAN baseert zich daarbij op een LEI-publicatie uit februari, waarin staat dat het gebruik van antibiotica op voorschrift van dierenartsen de afgelopen tien jaar bijna is verdubbeld.
LEI-onderzoeker ing. Nico Bondt: 'Wellicht hebben de veehouders door de schaalvergroting onvoldoende tijd om naar individuele dieren te kijken, waardoor ziektes relatief laat worden opgemerkt. De cijfers in de zeugenhouderij wijzen daarop, want grote varkensbedrijven gebruiken gemiddeld drie keer zo veel antibiotica als kleine.' Bij de vleeskuikenhouders blijkt een kwart van de bedrijven verantwoordelijk voor de helft van het gebruik. Bondt: 'Sommige boeren gebruiken antibiotica waarschijnlijk voor de zekerheid, anderen alleen als het echt nodig is.'

Omdat de resistente bacteriën uit de veehouderij een serieuze bedreiging zijn voor de volksgezondheid, baart de voortdurende groei van het antibioticagebruik de overheid grote zorgen. Landbouwminister Gerda Verburg heeft een commissie ingesteld die met concrete doelstellingen moet komen voor vermindering.

Bron: Sikkema, A., mei 2009.

6.6.2 Hormonen

Van nature komen hormonen voor in vlees, eieren en melk. Hormonen (of hormoonbeïnvloedende stoffen) zijn van invloed op de melkafgifte en de vorming van spiermassa. Door vee bewust kunstmatige of natuurlijke hormonen toe te dienen, kan de productie van vlees en melk worden vergroot. De Europese Unie (EU) verbiedt het gebruik van deze middelen uit voorzorg, vanwege mogelijke gezondheidsrisico's. Hierdoor is het in de EU verboden vlees of melk te verkopen die met groeibevorderende hormonen zijn geproduceerd.

In de Verenigde Staten (VS) en andere delen van de wereld is het gebruik van een zestal hormonen wel toegestaan voor het verkrijgen van een grotere vlees- en melkopbrengst. Volgens de Amerikaanse Food and Drug Administration (FDA) en de wereldgezondheidsraad (WHO) zijn er geen negatieve effecten vastgesteld bij een normale dagelijkse consumptie. Ze gaan ervan uit dat eventuele hormoonresten in deze producten na consumptie snel worden afgebroken in het lichaam.

Helaas worden hormonen soms ook illegaal gebruikt. Hiervan is onvoldoende onderzocht of is het niet bekend wat de negatieve gevolgen zijn voor de consument. Ook kan door het gebruik van onjuiste doseringen de hoeveelheid hormonen in vlees of melk de veilige hoeveelheid overschrijden. Grote hoeveelheden van sommige hormonen kunnen schadelijk zijn voor de hormoonhuishouding, de ontwikkeling van het lichaam en de weerstand van de mens. Op het gebruik van hormonen wordt in Nederland en in de EU gecontroleerd.

6.7 Additieven

Additieven zijn stoffen die alleen aan levensmiddelen mogen worden toegevoegd om technische redenen. Ze mogen bijvoorbeeld worden gebruikt om de voedingskwaliteit in stand te houden, om de houdbaarheid te verlengen of om de stabiliteit van het product te verbeteren. Voorbeelden van enkele soorten additieven zijn: conserveermiddelen, voedingszuren, stabilisatoren en antioxidanten. Naast de technologische noodzaak, moeten ze veilig zijn, mogen ze de consument niet misleiden en moeten ze een voordeel hebben voor de consument.

Mogelijk kunnen additieven de gezondheid van mensen schaden. Om de mens te beschermen worden de gevaren beoordeeld. Daarbij wordt bekeken of de bedoelde toepassing van een stof niet zal leiden tot gezondheidsschade. Goedgekeurde en toegestane additieven hebben een E-nummer. Bij het toevoegen van een additief aan een levensmiddel moet deze in de ingrediëntenlijst op het etiket worden vermeld met de naam van het additief en/of met het E-nummer.

Nitraat en nitriet mogen ook als additief aan bepaalde voedingsmiddelen worden toegevoegd. Ze worden gebruikt als conserveermiddel om de houdbaarheid van sommige kaassoorten en vleeswaren te vergroten. Ten opzichte van de hoeveelheden die in groente voorkomen, zijn de hoeveelheden nitraat en nitriet die aan kaas of vlees worden toegevoegd, erg klein.

6.8 Acrylamide en Polycyclische Aromatische Koolwaterstoffen (PAK's)

Tijdens voedselbereidingsprocessen – zowel op industrieel niveau als bij mensen thuis – kunnen giftige stoffen worden gevormd in het voedsel. Zo kan acrylamide ontstaan bij het verhitten van zetmeelrijke producten en kunnen Polycyclische Aromatische Koolwaterstoffen (PAK's) ontstaan tijdens verbrandingsprocessen.

Acrylamide

Acrylamide is een chemische stof die in de industrie onder meer wordt gebruikt bij de productie van plastics. Sinds 2002 is bekend dat acrylamide kan ontstaan tijdens het verhitten (temperaturen boven 100°C) van producten die rijk zijn aan suikers en het aminozuur asparagine. De stof kan veel voorkomen in levensmiddelen als frites, chips en ontbijtkoek.

Het was al bekend dat acrylamide kanker bij proefdieren kon veroorzaken. Voor mensen was dit nog niet bewezen. Uit recent onderzoek blijkt echter dat er een relatie bestaat tussen de ingenomen hoeveelheid acrylamide en de kans op kanker bij mensen. Vrouwen die veel acrylamide via de voeding binnenkregen, bleken vaker baarmoederkanker en eierstokkanker te ontwikkelen.

Polycyclische Aromatische Koolwaterstoffen (PAK's)

PAK's kunnen ontstaan tijdens verbrandingsprocessen waarbij organische verbindingen hoog verhit worden. Het is een groep die bestaat uit 21 verschillende soorten stoffen waarvan benz(a)pyreen de meest toxische PAK is. Deze stof is carcinogeen.

Bij verhittingsprocessen als drogen, bakken en braden van voedsel kan het gehalte aan PAK's toenemen. PAK's worden aangetroffen in verbrande korsten van brood en biscuit, in gebraden en gebarbecued (vetrijk) vlees, in gebakken (vette) vis, in gerookte producten, in thee en in koffie.

6.9 Informatie op internet

Video's

Groente en fruit (Tros Radar, www.trosradar.nl):
http://www.trosradar.nl/index.php?id=uitzending&itemUid=1149

Kennis

RIKILT:
www.rikilt.nl

Rijksinstituut voor Volksgezondheid en Milieu (www.rivm.nl), Rapport Ons eten gemeten:
www.rivm.nl/bibliotheek/rapporten/270555007.html

Voedingscentrum:
www.voedingscentrum.nl

Voedsel en Waren Autoriteit (www.vwa.nl), Voedselveiligheid, Chemische stoffen:
www.vwa.nl/portal/page?_pageid=119,1640106&_dad=portal&_schema=PORTAL

6.10 Leervragen

1. Verklaar waarom dierlijke producten over het algemeen een grotere kans op de aanwezigheid van schadelijke stoffen hebben dan plantaardige producten.
2. Schelpdieren kunnen fycotoxines bevatten. Geef aan wat dat zijn, welke verschillende soorten er zijn en hoe ze in schelpdieren terechtkomen, en welke ziekteverschijnselen ze veroorzaken.
3. Dioxines en PCB's zijn stoffen die via voedsel door mensen worden opgenomen. Welke voedingsmiddelen kunnen deze stoffen vooral bevatten en wat voor gevolg kan dit hebben op de gezondheid van de mens?
4. Afgezien van het feit dat vanuit voedingskundig oogpunt, chips en frites niet heel gezond zijn, wordt vanwege de voedselveiligheid ook aanbevolen matig dit soort verhitte producten te consumeren. Leg uit wat hiervan de reden is.

5. Ter bescherming van de mens zijn er normen vastgesteld voor een groot aantal schadelijke stoffen zoals ADI, TDI en MRL. Wat houden deze normen in?
6. Je werkt als diëtist in een verpleeghuis. Op een zekere dag komt de kok bij je. Hij is een groot liefhebber van zelfgemaakte appelmoes. In de herfst maakt hij deze regelmatig. Soms treft hij een rotte, beschimmelde appel aan. Hij snijdt de rotte plekken wat weg en gebruikt de rest voor de appelmoes. Zo'n probleem zal dat niet zijn; de appels worden toch lange tijd gekookt.
Geef aan of het kwaad kan dat de kok beschimmelde appels (rotte plekken weliswaar weggesneden) gebruikt voor de bereiding van appelmoes. Licht je antwoord toe.

Geraadpleegde bronnen

Consumentenbond, Actueel, Waarschuwingen 2008, 'AH Chocolade rozijnen melk', www.consumentenbond.nl (3 januari 2008).

Culinairnet.nl, 'Zelfgeraapte schelpdieren momenteel niet veilig', www.visinfo.nl (6 mei 2002).

Dijk, R., *VMT's Ingrediëntenwijzer 2009* (2009) 146 p.

Europese Commissie, 'Richtlijn 2002/67/EG van de commissie van 18 juli 2002 betreffende de etikettering van levensmiddelen die kinine en levensmiddelen die cafeïne bevatten', *Publicatieblad van de Europese Gemeenschappen*, 19.7.2002, L191/20-21.

Europese Commissie, 'Richtlijn 2004/77/EG van de commissie van 29 april 2004 tot wijziging van Richtlijn 94/54/EG wat betreft de etikettering van bepaalde levensmiddelen die glycyrrizinezuur en het ammoniumzout daarvan bevatten', *Publicatieblad van de Europese Unie*, 30.4.2004, L162/76-77.

Europese Commissie, 'Verordening (EG) Nr. 208/2005 van de Commissie van 4 februari 2005 tot wijziging van Verordening (EG) Nr. 466/2001 wat betreft polycyclische aromatische koolwaterstoffen', *Publicatieblad van de Europese Unie*, 8.2.2005, L34/3-5.

Europese Commissie, 'Verordening (EG) Nr. 396/2005 van het Europees Parlement en de Raad van 23 februari 2005 tot vaststelling van maximumgehalten aan bestrijdingsmiddelenresiduen in of op levensmiddelen en diervoeders van plantaardige en dierlijke oorsprong en houdende wijziging van Richtlijn 91/414/EG van de Raad', *Publicatieblad van de Europese Unie*, 16.3.2005, L70/1-16.

Europese Commissie, 'Verordening (EG) Nr. 466/2001 van de Commissie van 8 maart 2001 tot vaststelling van maximumgehalten aan bepaalde verontreinigingen in levensmiddelen', *Publicatieblad van de Europese Gemeenschappen*, 16.3.2001, L77/1-13.

Europese Commissie, 'Verordening (EG) Nr. 1333/2008 van het Europees Parlement en de Raad van 16 december 2008 inzake levensmiddelenadditieven', *Publicatieblad van de Europese Unie*, 31.12.2008, L354/16-33.

Europese Commissie, 'Verordening (EG) Nr. 1881/2006 van de Commissie van 19 december 2006 tot vaststelling van de maximumgehalten aan bepaalde verontreinigingen in levensmiddelen', *Publicatieblad van de Europese Gemeenschappen*, 20.12.2006, L364/5-24.

Europese Raad, 'Verordening (EEG) Nr. 2377/90 van de Raad van 26 juni 1990 houdende een communautaire procedure tot vaststelling van maximumwaarden voor residuen van geneesmiddelen voor diergeneeskundig gebruik in levensmiddelen van dierlijke oorsprong', *Publicatieblad van de Europese Gemeenschappen*, 18.8.1990, L 224/1-8.

Food-info.net, 'Voedselovergevoeligheid, -allergie en -intolerantie', www.food-info.net (maart 2010).

Koert, W., 'Veel dioxines in vrije uitloop eieren', nieuwsbericht RIKILT, www.rikilt.wur.nl (19 mei 2006).

Kreijl, C.F., van, Knaap, A.G.A.C., *Ons eten gemeten, Gezonde voeding en veiligheid in Nederland*, RIVM, Sector Voeding en Consumentenveiligheid, Bohn Stafleu Van Loghum, Houten (2004) p. 142-167.

Naber, C., Schutijser, J., 'Te veel gif in fruit uit supermarkt', *Algemeen Dagblad*, www.ad.nl (10 december 2007).

Overheid.nl, 'Warenwetbesluit Etikettering van Levensmiddelen', www.wetten.overheid.nl (2010).

Overheid.nl, 'Warenwetregeling residuen van bestrijdingsmiddelen', Regeling Residuen van bestrijdingsmiddelen, www.wetten.overheid.nl (maart 2010).

Overheid.nl, 'Warenwetregeling verontreinigingen in levensmiddelen', wetten.overheid.nl (2009).

Pusztai, A., Bardocz, S., 'Biological effects of plant lectins on the gastrointestinal tract: metabolic consequences and applications', *Trends in Glycoscience and Glycotechnology*, 8 (1996) p. 149-165.

RIVM, 'Risico's van stoffen, stoffen en producten', www.rivm.nl (maart 2010).

Sikkema, A., 'Steeds meer resistente bacteriën in veehouderij', nieuwsbericht RIKILT, www.rikilt.wur.nl (14 mei 2009).

Sugimura, T., 'Nutrition and dietary carcinogens', *Carcinogenesis*, vol. 21, no.3 (2000) p. 387-395.

Voedingscentrum, Eten en Veiligheid, Schadelijke stoffen, www.voedingscentrum.nl (maart 2010).

VWA, 'FNLI Handleiding tot etikettering van allergenen', *Informatieblad* 83 (oktober 2008) 9 p.

VWA, Kennisbank Voedselveiligheid, Voedsel en Waren Autoriteit, www.vwa.nl (maart 2010).

VWA, Nieuwsbericht: 'Vaak te veel mycotoxinen in levensmiddelen aangetroffen', Voedsel en Waren Autoriteit, www.vwa.nl (26 juli 2007).

7 Fysische voedselveiligheid

7.1 Inleiding

Veilig voedsel hangt niet alleen af van de eventuele aanwezigheid van pathogenen en/of nadelige chemische materialen, maar ook van mogelijke fysieke verontreinigingen. Bij fysische voedselveiligheid gaat het simpel gezegd om de aanwezigheid van (gevaarlijke) vreemde voorwerpen in voedsel.
Denk bijvoorbeeld aan glas(scherven), hout(splinters) en steentjes in voedsel maar ook aan botsplinters en visgraten. De aanwezigheid van dit soort materialen in voedsel is ongewenst en brengt de voedselveiligheid in gevaar. Gevaren van productvreemde materialen in voedsel zijn: verstikking, mond- en gebitbeschadiging en perforaties van het maagdarmkanaal.
Soms kan een ingeslikt voorwerp zich vastzetten in het gebit, de slokdarm of het maagdarmkanaal. Na perforatie kunnen vervolgens (ernstige) secundaire infecties optreden. Medisch ingrijpen is dan noodzakelijk. Zie voor een voorbeeld artikel 7.1.

Artikel 7.1 Oorzaak buikklachten van man.

> **Een man met een opgezette buik**
>
> Een man van 70 jaar is ter observatie opgenomen in het ziekenhuis wegens buikklachten. Sinds 2 weken klaagt hij over obstipatie en een opgezette buik. Intussen is hij steeds misselijker geworden en heeft hij 1 maal gebraakt. Na een aantal onderzoeken werd met behulp van een CT-scan uiteindelijk vastgesteld dat zich een vreemd voorwerp bevindt in de darm van de man. Via een buikoperatie is een 5 cm groot kippenbot te voorschijn gekomen. De patiënt vertelt later dat hij ongeveer 1 week voor de klachten kip heeft gegeten. Hij geneest vlot en wordt uit het ziekenhuis ontslagen.

Bron: Bourez, R.L.J.H., Baarslag, H.J., 2007 (noot: feitelijk zal hier geen sprake zijn geweest van een vreemd voorwerp in voedsel maar is het 'verkeerde gedeelte' van de kip per ongeluk geconsumeerd).

Hoe vaak productvreemde materialen in voedsel voorkomen is niet bekend. Wel zijn er gegevens over het aantal klachten die hierover bij de Voedsel en Waren Autoriteit (VWA) gemeld worden. In 2006 en 2007 waren er 347 meldingen over potentieel gevaarlijke materialen: glas (28%), metaal (27%), kunststof (24%), botdeeltjes (8%), steentjes (6%) en scherpe stukjes hout (6%).

Vaak zijn productvreemde materialen in voedsel moeilijk waarneembaar, maar soms is het direct zichtbaar zoals bijvoorbeeld het geval is in artikel 7.2.

Artikel 7.2 Ongewenst 'vreemd voorwerp' in voedsel.

> **Man vindt muis in brood**
>
> Amsterdam- Een Ierse man die een muis in zijn brood vond, krijgt van de bakkerij een schadevergoeding van ruim 1100 euro. De rechter oordeelde dat de bakkerij een 'onveilig levensmiddel op de markt had gebracht'. De muis was in het deeg gevallen en werd heel meegebakken in het brood. De bakkerij gooide het op 'mogelijke sabotage door een werknemer'. De Ier kocht het brood tijdens Kerst 2007.

Bron: De Telegraaf, 10 juni 2009.

7.2 Toelichting en voorbeelden

In tegenstelling tot microbiologische gevaren kunnen fysische gevaren niet door processtappen zoals koken, pasteuriseren of steriliseren worden uitgeschakeld. Het vermijden van fysische verontreinigingen is alleen mogelijk door de keten van grondstof tot consument strikt te bewaken.

Desondanks blijkt dat, ook al vindt een strikte bewaking plaats en is een levensmiddelenbedrijf HACCP-gecertificeerd, het in de praktijk toch regelmatig mis gaat en zijn er soms (schadelijke) vreemde voorwerpen in voedsel aanwezig. Dit blijkt bijvoorbeeld uit de opsomming in tabel 7.1. Daar staan enkele terughaalacties van levensmiddelenbedrijven vermeld van in de periode van 2006 tot 2009.

Tabel 7.1   Voorbeelden van recallacties wegens fysische verontreinigingen.

Product	Verontreiniging
Cruesli appel en rozijn (december 2009)	stukje ijzerdraad
Lay's Bolognese chips (augustus 2009)	harde stukjes
Peijnenburg ontbijtkoekvarianten (mei 2008)	kleine metaaldeeltjes
Verberghe Likkepot smeerworst (april 2008)	kleine metaaldeeltjes
Lay's Paprika chips (maart 2008)	stukjes rubber
AH Excellent roomijs (oktober 2006)	stukjes hard doorzichtig plastic
Iglo Milanese groentenschotel (februari 2006)	stukjes glas
Bauer (Aldi) yoghurt aardbeientoetjes (februari 2006)	glas in aardbeien

Bron: Consumentenbond, maart 2010.

7.3   Aanwezigheid en detectie productvreemde materialen

In tabel 7.2 volgt een opsomming/indeling van materialen die van nature niet in voedsel thuishoren, met daarbij vermeld hoe dit soort verontreinigingen (zo goed mogelijk) te voorkomen zijn. Desondanks blijkt dat productvreemde materialen toch in voedsel aanwezig zijn. De kans hierop wordt verder verkleind bij het gebruik van detectieapparatuur. Er zijn apparaten in de handel (metaaldetectoren en/of röntgenapparatuur) waarmee het mogelijk is productvreemde materialen als glas, steen, bot en sommige soorten kunststof in voedsel op te sporen.

Niet alle van de in tabel 7.2 genoemde materialen leiden direct tot onveilig voedsel. Vaak geven deze vreemde materialen in voedsel geen aanleiding tot ziekteverschijnselen, maar hebben ze een sterk negatieve invloed op de kwaliteitsbeleving van de consument. Denk daarbij aan materialen als haren, pleisters of muizen (zie ook artikel 7.2). Wel kunnen deze materialen indirect leiden tot een microbiologisch gevaar doordat dit soort materialen meestal besmet zijn met – mogelijk pathogene – micro-organismen.

Tabel 7.2 Indeling productvreemde materialen.

Herkomst	Verontreiniging	Verontreiniging voorkomen door
dierlijke materialen	knaagdieren uitwerpselen insecten larven vacht veren	goede bedrijfshygiëne, onder andere: ongediertewering gesloten verpakkingen levensmiddelen van de vloer houden
menselijke materialen	haar nagels make-up knopen geld sieraden pleisters	goede persoonlijke hygiëne, onder andere: geen make-up geen sieraden dragen haren afgedekt pleisters met metaalstrip geen zakken buitenzijde bedrijfskleding
procesmaterialen, apparatuur	rubber metaal(deeltjes) glas kunststof	goede bedrijfshygiëne, onder andere: onderhoud apparatuur deugdelijke apparatuur
verpakkingsmaterialen	glas kunststof hout papier karton	goede bedrijfshygiëne, onder andere: verpakkingsmaterialen weren uit bereidingsruimtes
grondstoffen	bot(splinters) visgraten steentjes aarde stengels eischaal	inkoop bij gecertificeerde leverancier, goede ingangscontrole

Geraadpleegde bronnen

Anoniem, 'Man vindt muis in brood', *De Telegraaf* (10 juni 2009).
Bourez, R.L.J.H., Baarslag, H.J., 'Een man met een opgezette buik', *Nederlands Tijdschrift voor Geneeskunde*, nr. 151 (7 juli 2007) p. 1507-1508.
Consumentenbond, Actueel, Waarschuwingen, www.consumentenbond.nl (maart 2010).
VWA, Kennisbank Voedselveiligheid, 'Productvreemde delen in voedsel', Voedsel en Waren Autoriteit, www.vwa.nl (februari 2009) 3 p.

Bijlage Achtergrond van processen of technieken

Gramkleuring

De Gramkleuring werd in 1884 ontwikkeld door Hans Christian Gram en is gebaseerd op een verschil in celwandsamenstelling tussen twee groepen bacteriën: de Gramnegatieven en Grampositieven. De Gramnegatieven hebben een dunne celwand met weinig peptidoglycaan (ook mureïne genoemd), de Grampositieven daarentegen hebben een dikkere celwand met veel peptidoglycaan (zie ook figuur 1). Gramnegatieven zijn daardoor iets beter bestand tegen ongunstige invloeden dan Gramnegatieve bacteriën (droogte, warmte en dergelijke).

Bacteriën worden eerst gekleurd met kristalviolet, waarna ontkleuring met alcohol plaatsvindt. De bacteriën die bij deze behandeling niet worden ontkleurd (deze zijn dan violet/paars van kleur), worden Grampositief genoemd. De bacteriën die wel ontkleuren zijn Gramnegatief. Om het contrast tussen de bacteriesoorten te vergroten wordt het preparaat na ontkleuring behandeld met een safranine-oplossing, waardoor de Gramnegatieve bacteriën roze worden gekleurd.

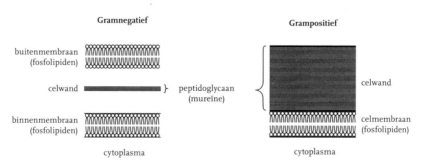

Figuur 1. Verschil in celwandsamenstelling tussen Gramnegatieve (links) en Grampositieve bacteriën (rechts).

Procestechnieken

Pasteuriseren
Een belangrijk doel van pasteurisatie is het doden van pathogene en bederfverwekkende micro-organismen. Het effect van verhitting hangt af van de temperatuur en de verhittingsduur. Tijdens pasteurisatie worden vloeistoffen meestal gedurende een korte periode (bijvoorbeeld 20 seconden) verhit bij 72°C tot 82°C. Vele bederfverwekkende bacteriën zullen deze processen niet overleven. Bacteriesporen zijn echter wel bestand tegen deze verhitting.

Steriliseren
Een intensievere vorm van verhitten is (commercieel) steriliseren. Door (met name) vloeistoffen te steriliseren wordt de houdbaarheid bij kamertemperatuur verlengt met enkele maanden. Het proces is erop gericht alle bacteriën en zo veel mogelijk bacteriesporen te doden. Bij het steriliseren van melk worden bijvoorbeeld de volgende tijd/temperatuur combinaties gemaakt: 30 minuten verhitten bij 110°C, 30 seconden bij 130°C of 1-2 seconde(n) bij 135-145°C (Ultra High Temperature (UHT)-melk).

Een steriel product geheel vrij van micro-organismen en sporen van micro-organismen verkrijgt men alleen door te verhitten gedurende 20 minuten bij 121 graden Celcius (natte sterilisatie) of 1 uur bij 170 graden Celcius (droge sterilisatie). Dit soort processen worden in de voedingsmiddelenindustrie meestal niet toegepast.

Doorstralen
Doorstralen van voedsel gebeurt met gammastraling. Dit is een zeer energierijke straling met een groot doordringingvermogen. De straling beschadigt of vernietigt genetisch materiaal van (micro-) organismen waardoor afdoding plaatsvindt. Over het algemeen geldt: hoe groter het organisme, des te gevoelig het is voor gammastraling. Virussen zijn zodoende erg stralingsresistent.

Ultra Hoge Druk (UHD)
UHD is een niet thermische conserveermethode waarbij micro-organismen in voedsel worden blootgesteld aan hydrostatische drukken van minimaal 3.000 Bar. Bacteriën, gisten en schimmels zijn niet bestand tegen deze druk en worden afgedood. Bacteriesporen zijn echter ongevoelig voor druk en zullen het proces overleven.

Pulsed Electric Field (PEF)
PEF is een andere milde, niet thermische conserveringsmethode. Bij PEF worden via twee elektrodes gedurende korte tijd (aantal milliseconden) hoogspanningspulsen overgebracht op het te behandelen product. Hierdoor ontstaat een pulserend elektrisch veld. Het celmembraan van micro-organismen is hier niet tegen bestand, waardoor micro-organismen worden afgedood. Evenals bij UHD zijn bacteriën, gisten en schimmels middels deze techniek makkelijker af te doden dan de sporen van bacteriën.

Bactofugeren
Het doel van bactofugeren is het verwijderen van bacteriën en bacteriesporen uit een vloeistof door middel van een speciaal centrifugeerproces.

Serotypering
Met behulp van serotypering is het mogelijk te bepalen tot welke (sero)groep bacteriën een bepaalde stam behoort. Het berust op de aanwezigheid van een drietal belangrijke antigenen (bepaald soort eitwitten waarop het lichaam reageert) die aanwezig (kunnen) zijn op het celoppervlak van een bacterie. Zo zijn er somatische (O), kapsel (K) en flagellaire (H) antigenen.

Oppervlaktespanning
Water heeft een grote oppervlaktespanning doordat de watermoleculen aan het oppervlak met elkaar verbonden zijn. Deze oppervlaktespanning is zo sterk dat een licht voorwerp er niet doorheen zakt. Door deze oppervlaktespanning heeft water op een oppervlak de neiging tot het vormen van ronde druppels waardoor het oppervlak niet goed 'nat te maken' is. Dit heeft uiteraard ook gevolgen voor de reiniging. Door oppervlakteactieve stoffen aan water toe te voegen verlaagt men de oppervlaktespanning, waardoor waterdruppels zich uitspreiden en het oppervlak beter te bevochtigen is.

Antwoorden

Antwoorden bij leervragen 1.7

1. Micro-organismen zijn organismen die je niet zonder microscoop kunt zien. Tot de micro-organismen worden gerekend: gisten, schimmels en bacteriën. Virussen, protozoa en wormen, vallen daar officieel niet onder maar worden daar vaak wel toe gerekend.
2. Nuttig: bescherming van huid/lichaam, noodzakelijk voor compostering, betrokken bij afbraak van organische materialen.
   Lastig: bederf van voedsel.
   Gevaarlijk: veroorzaken ziekte en via voedsel een voedselvergiftiging en/of -infectie.
3. Bacteriën zijn prokaryoot. Ze kunnen staaf-, bol- of spiraalvormig zijn, soms zijn flagellen aanwezig aan de celwand. Daarnaast zijn soms sporen aanwezig in de cel. Vermeerdering vindt plaats door binaire deling in ongeveer 20 minuten onder optimale omstandigheden.
4. Er zijn Grampositieve en Gramnegatieve bacteriën. *Bacillus cereus*, *Clostridium botulinum*, *Listeria monocytogenes* en *Staphylococcus aureus* zijn voorbeelden van Grampositieve bacteriën. De bacteriën *Escherichia coli*, *Salmonella* en *Cronobacter sakazakii* zijn voorbeelden van bacteriën die Gramnegatief zijn.
5. Bacteriën horend tot de geslachten *Bacillus* en *Clostridium* zijn in staat sporen te vormen. Ze zijn Grampositief.
6. Sporen van bacteriën worden gevormd om ongunstige omstandigheden te overleven. Zodoende zijn ze goed bestand tegen ongunstige invloeden als hitte en droogte. De sporen zijn in staat diverse verhittingsprocessen te overleven. Bij het bewaren van voedsel kunnen ze ontkiemen waarna verdere groei mogelijk is.
7. Schimmels (eukaryoot) zijn opgebouwd uit draden (hyfen), die vertakt zijn tot een netwerk (mycelium). Bij de meeste schimmels zijn de hyfen door septen in een soort cellen verdeeld. Ze vormen in vruchtlichamen en aan of tussen de hyfen sporen voor de voortplanting (zowel geslachtelijke als ongeslachtelijke).

Gisten (eukaryoot) zijn eencellige schimmels die het vermogen om mycelium te vormen hebben verloren. Gisten vermenigvuldigen zich meestal door knopvorming. Een andere mogelijkheid is door de vorming van inwendige ascosporen.
8. Virussen behoren eigenlijk niet tot de levende organismen. Voor vermenigvuldiging is een levende cel (gastheer) nodig. Het is een stuk DNA of RNA, omgeven door een eiwitmantel.

Antwoorden bij leervragen 2.6

1. De residente en de transiënte micro-organismen. De residente micro-organismen vormen de huideigen flora; deze zijn niet of moeilijk te verwijderen. De transiënte flora omvat de micro-organismen die van buitenaf op de huid terechtkomen. Zij zijn door de huid goed te wassen van het oppervlak te verwijderen. Een uitzondering hierop is de bacterie *Staphylococcus aureus*.
2. Voor: geen besmetting met micro-organismen die op handen aanwezig zijn.
Tegen: doordat je het vuil niet meer voelt, is kruisbesmetting sneller mogelijk.
3. De entero's zijn alle bacteriën horend tot de familie van de *Enterobacteriaceae*. Deze bacteriën zijn gevoelig voor verhitting; zo overleven ze een pasteurisatieproces niet. Is een verhit product desondanks wel besmet met entero's, dan geeft dat aan dat het verhittingsproces niet correct verlopen is of dat de hygiënische werkwijzen onvoldoende zijn (nabesmetting heeft plaatsgevonden). De groep bacteriën wordt dus gebruikt als indicatororganismen.
4. De kip bevatte waarschijnlijk *Salmonella*. Via het snijden van de kip op een snijplank is waarschijnlijk de salade besmet. Bijvoorbeeld door het gebruik van de besmette snijplank voor het snijden van de groente, via het besmette mes of via besmette handen. Daarnaast kan de *Salmonella* ook in de mayonaise aanwezig zijn. Soms zijn eieren (inwendig) besmet met deze bacterie.
5. De mesofiele bacteriën groeien goed bij temperaturen van 30-37°C. Psychrofiele en psychrotrofe bacteriën zijn beter bestand tegen lagere temperaturen en kunnen in de koelkast groeien.
6. De wateractiviteit is een maat voor de hoeveelheid vrij of gebonden water. De uiterste grenzen zijn 0 en 1. Beneden een wateractiviteit van 0,6 is groei van micro-organismen niet meer mogelijk.

7. Eigenlijk zou de mevrouw haar maaltijd direct moeten opeten. Als ze dit niet doet, moet ze de maaltijd direct na ontvangst uit de doos halen, de maaltijd afdekken met folie of iets dergelijks en ervoor zorgen dat de maaltijd snel afkoelt door deze in de koelkast te plaatsen (temperatuur beneden 7°C). Bij verhitting voor consumptie moet de maaltijd eerst goed worden verhit (kern > 60°C).
8. Zo te lezen zijn er gisten en schimmels gaan groeien. Vanuit de lucht heeft waarschijnlijk besmetting plaatsgevonden. Daarnaast is het ook mogelijk dat sporen van deze micro-organismen het bereidingsproces hebben overleefd, waarna groei optrad. Een andere mogelijkheid is dat de tijdens de bereiding onvoldoende suiker werd gebruikt. In dat geval werd daardoor de wateractiviteit onvoldoende verlaagd. Eventueel kan er ook sprake zijn van onhygiënische werkwijzen: mes/lepel afgelikt en vervolgens gebruikt in de jam. Micro-organismen of enzymen van de mond kunnen de jamstructuur aantasten, waardoor water vrijkomt en groei makkelijker optreedt.
9. a. Groei neemt af (eerst Gramnegatieven, dan Grampositieven, gisten en schimmels).
    b. Groei neemt af (eerst bacteriën dan gisten en schimmels).
    c. Er vindt afdoding plaats.
    d. Het micro-organisme komt in een soort slaaptoestand, waarbij de groei stilstaat.
10. Lucht (met daarin zuurstof) wordt dan vervangen door een gas of een gasmengsel (stikstof en/of kooldioxide). De normale (psychrotrofe) bederfflora is meestal strikt aeroob. Door nu lucht – en daarmee zuurstof – te verwijderen kunnen deze aeroben niet meer groeien en zodoende geen bederf meer veroorzaken. Facultatief anaerobe en anaerobe micro-organismen worden hierdoor echter niet in de groei geremd, aangezien zij zonder zuurstof kunnen groeien.
11. Dit is de maat voor het aantal micro-organismen in een product. Als er veel micro-organismen in een product aanwezig zijn, betekent dit dat het product niet meer goed is. Zit het kiemgetal boven de bederfgrens, dan is voedsel bedorven (dit geldt niet voor gefermenteerde producten). Kortom het zegt iets over de kwaliteit van voedsel. Strikt genomen is de definitie: het aantal kolonievormende eenheden (kve) per gram of milliliter.

Antwoorden bij leervragen 3.6
1. Voedselinfectie:
   - ziek door inname levende cellen;
   - Minimale Infectieuze Dosis (MID);

- langere incubatietijd (na 6-8 uur tot enkele dagen);
- langere ziekteduur (twee tot drie dagen, soms een week of nog langer).

Voedselvergiftiging:
- ziek door inname toxine;
- Minimale Toxische Dosis (MTD);
- korte incubatietijd (na half uur tot 6 uur);
- korte ziekteduur (een tot twee dagen).

2. Voedingsmiddelen van dierlijke oorsprong (vvdo).
3. Dit zijn *Salmonella* (infectie) en *Campylobacter* (infectie).
4. Er is een mild en een heftig verlopend ziektebeeld. Bij het milde type worden levende cellen opgenomen via voedsel. in de darmen vindt vervolgens toxineproductie plaats waarna men ziek wordt (toxico-infectie). Bij het heftige type vormt de bacterie het toxine in het voedsel. Men wordt ziek door inname van het toxine in het voedsel.
5. Het gaat om de bacterie *Staphylococcus aureus*. Door (hand)contact met voedsel of boven voedsel te niezen raakt het voedsel besmet. Is aansluitend de temperatuur voor groei en toxinevorming gunstig dan vindt groei plaats waarbij toxine wordt gevormd.
6. De aanwezigheid van *Salmonella* wordt vaak geassocieerd met voedingsmiddelen van dierlijke oorsprong: (kippen)vlees, eieren, rauwe melk, rauwmelkse kaas. Besmetting vindt plaats via contact met de dierlijke feces. *Salmonella* veroorzaakt geen vergiftiging maar een infectie.
7. De MRSA-bacterie is de methicilline-resistente *S. aureus*. Deze *S. aureus*-stam is ongevoelig voor verschillende soorten antibiotica, waardoor eventuele infecties met deze bacterie (na bijvoorbeeld een operatie) moeilijk te behandelen zijn.
8. Listeriose wordt veroorzaakt door *Listeria monocytogenes*. Infectie van het ongeboren kind kan leiden tot abortus, een dood geboren of een ernstig zieke baby. Risicoproducten zijn producten die gedurende langere tijd houdbaar zijn in de koeling en in afwezigheid van zuurstof zijn verpakt. De bacterie kan bij koelkasttemperaturen groeien en is facultatief anaeroob. Enkele risicoproducten zijn vacuüm- of gasverpakte vis, paté en gasverpakte gesneden vleeswaren.
9. De honing kan sporen van de bacterie *Clostridium botulinum* bevatten. Bij kinderen jonger dan een jaar is de darmflora onvoldoende ontwikkeld. Hierdoor kunnen de sporen ontkiemen in de darmen, waarna verdere groei en toxinevorming mogelijk is met ziekte tot gevolg.

Het is belangrijk de eventueel aanwezige sporen in conserven te inactiveren, aangezien in conserven zuurstof afwezig is. De bacterie is strikt

anaeroob, waardoor de sporen na ontkieming goed kunnen uitgroeien met daarbij toxinevorming.
10. Vermeerdering van virussen vindt plaats in levende cellen van de gastheer (mens). De MID is laag en bedraagt ongeveer 10 tot 100 deeltjes. Door voedsel goed te verhitten wordt het virus geïnactiveerd.
Besmetting van voedsel is mogelijk tijdens bereiding door geïnfecteerde personen of door contact met verontreinigd water of besmette oppervlakken.
11. *Legionella* is een opportunistische pathogeen en veroorzaakt met name longontsteking. De bacterie is alleen gevaarlijk bij inademing (niet als het via voedsel wordt opgenomen). Dit kan bijvoorbeeld via inademing van aerosolen (lucht met kleine vochtdeeltjes) die besmet zijn met *Legionella*. In ziekenhuizen zijn veelal personen aanwezig met een verminderde afweer. Juist zij lopen kans ziek te worden na inademing van deze bacterie.
12. Bij de bereiding van zuigelingenvoeding wordt het water verhit tot circa 37 °C. Dit is een ideale temperatuur voor groei van deze bacterie. Als deze bacterie in het melkpoeder aanwezig is en de voeding wordt na bereiding te lang bij te hoge temperatuur bewaard, dan kan *Cronobacter* snel uitgroeien tot hoge aantallen waarna ziekte mogelijk is.

Antwoorden bij leervragen 4.8
1. Hazard Analysis and Critical Control Points. Bij HACCP wordt het gehele productieproces nagelopen op mogelijke gevaren voor de voedselveiligheid. Die gevaren worden in een HACCP-systeem benoemd en de daaraan verbonden risico's worden beheerst. Het is een systematische methode om microbiologische, fysische en chemische gevaren in het fabricage- en bereidingsproces van voedingsmiddelen te onderkennen, te beschrijven en te beheersen.
2. 1 **Hazard analysis**: het uitvoeren van een risico-analyse van alle processtappen van het fabricage- of bereidingsproces. Dit gebeurt met behulp van de beslisboom.
   2 **Critical Control Points** (CCP's) vaststellen (waar de risico's beheerst moeten worden). CCP: een grondstof, proces, bewerking of plaats waar bij gebrek aan beheersing tot een onaanvaardbaar risico kan leiden. Voorbeeld: temperatuurcontrole bij verhitting.
   3 Het vaststellen van **kritieke grenzen**, die aangeven of het proces bij een CCP beheerst wordt.
   4 **Monitoring**: het invoeren van een meet- en registratiesysteem om te controleren of de CCP's beheerst worden.

    5   Het formuleren van **regels voor bijsturing** indien een CCP niet beheerst wordt.
    6   Het **effectief bewaren** van beschrijvingen van het HACCP-plan.
    7   **Verificatie**: een controlesysteem om de doeltreffendheid van het systeem vast te stellen.
3. Dit is een plaats of stap in een proces waar beheersing mogelijk is en mogelijke risico's voorkomen of geëlimineerd worden tot een aanvaardbaar niveau. Voorbeelden zijn: verhitting tot bepaalde temperatuur gedurende een vastgestelde tijd, terugkoelen tot een bepaalde temperatuur binnen een zekere periode.
4. In (goedgekeurde) hygiënecodes zijn de kritische punten van bereidings- en behandelingsprocessen volgens HACCP vastgesteld voor specifieke branches. Ondernemers zijn verantwoordelijk voor de bewaking van deze punten inclusief monitoring CCP's, verplichte registraties, correctieve acties en periodieke verificatie.
5. Dit zijn de voorwaarden waarmee men voldoet aan de noodzakelijke hygiëne-eisen. Deze voorwaarden hebben bijvoorbeeld betrekking op de persoonlijke hygiëne, de bedrijfshygiëne en op reiniging- en desinfectieprocessen. Alleen als aan de basisvoorwaarden wordt voldaan, is het mogelijk om veilig voedsel te produceren. Wordt niet aan deze voorwaarden voldaan, dan heeft HACCP geen zin.
6. Uitvoeringstip wegwerphandschoenen (uit Hygiënecode voor de voedingsverzorging in zorginstellingen en Defensie):
    Draag wegwerphandschoenen alléén als het voedsel noodzakelijkerwijs met de hand moet worden beetgepakt of om te voorkomen dat pleisters in het voedsel raken. Op zo'n moment beslist géén andere werkzaamheden doen! Na het beëindigen of onderbreken van die werkzaamheden de handschoenen uitdoen, weggooien en de handen wassen.
7. In het algemeen zijn voedingsmiddelen die bij de bereiding een verhittingsstap hebben ondergaan minder riskant dan rauw gegeten levensmiddelen. Indien voedsel rauw in de keuken wordt gebracht, bestaat de kans dat kruisbesmetting plaatsvindt, waardoor bijvoorbeeld reeds verhitte producten besmet raken. Via een voorwerp (snijplank, mes, lepel, enzovoort) of handen worden micro-organismen van het ene product (bijvoorbeeld het rauwe product) overgedragen naar het andere voedingsmiddel (bijvoorbeeld het verhitte product).
8. Dit zijn de gemaakte fouten:

- De gekookte vla wordt na bereiding niet (in kleine porties) voldoende snel afgekoeld. De hygiënecode schrijft voor dat de temperatuur van verhitte producten na 5 uur maximaal 7°C dient te zijn.
- De vla wordt niet afgedekt, waardoor besmetting vanuit de lucht mogelijk is.
- De hulp proeft twee keer met dezelfde lepel. Op deze manier besmet de hulp de vla met *Staphylococcus aureus*. Doordat vervolgens de vla onvoldoende snel is afgekoeld treedt groei van *S. aureus* op, waarbij voldoende toxine is gevormd om ziekteverschijnselen te veroorzaken.

9. Als de producttemperatuur niet goed is, kan groei van micro-organismen optreden. Besmetting van het product is mogelijk indien de verpakking niet (goed) gesloten is. Bij overschrijding van de houdbaarheidstermijn is het mogelijk dat het product ondertussen bedorven is (groei bacteriën heeft dan plaatsgevonden) en dat mogelijk pathogenen zijn uitgegroeid. Duurt de regeneratieduur te lang, dan is groei van (pathogene) micro-organismen mogelijk. Ten slotte, als de tijdsduur voor ongekoeld presenteren te lang duurt, vindt ook uitgroei plaats.
10. Richtwaarde voor het totaal (aeroob) kiemgetal is maximaal 1.000.000 kve/g. Voor entero's geldt maximaal 1.000 kve/g. Bij uitslagen beneden deze waarden is sprake van een beheerst proces, bij waarden erboven van een onbeheerst proces.

Antwoorden bij leervragen 5.7

1. Reinigen is het verwijderen van zichtbaar vuil en een groot deel van de micro-organismen. Desinfecteren is het verminderen van het aantal levende micro-organismen tot een aanvaardbaar niveau.
2. De werking van de meeste desinfectiemiddelen gaat achteruit in aanwezigheid van vuil; desinfectiemiddelen worden onwerkzaam gemaakt door de organische materialen (voedselresten).
3. Desinfectiemiddelen op basis van chloor zijn oxiderend en irriterend. Apparatuur wordt hierdoor aangetast en voor mensen is het gevaarlijk in het gebruik. Wel kent het een breed werkingsspectrum en resistentie treedt niet op. Bij quaternaire ammoniumverbindingen (quats) daarentegen is het bekend dat met name resistentie optreedt bij Gramnegatieven. De voordelen zijn: het is oppervlakteactief en mild voor de huid.
4. Een toegelaten desinfectans is voorzien van een toelatingsnummer, dat bestaat uit 4 of 5 cijfers, gevolgd door de letter N.
5. Een biofilm is een laagje micro-organismen dat zich stevig op een oppervlak heeft gehecht. Na verankering op het oppervlak scheiden de micro-

organismen een slijmachtige substantie (EPS) uit die als een laagje over de cellen komt te liggen. Een biofilm kan ontstaan doordat niet op tijd of onjuist wordt schoongemaakt.
6. Gladde materialen zijn beter te reinigen. Materialen met oneffenheden bieden micro-organismen meer mogelijkheden zich aan het oppervlak te hechten, ze zijn dan slechter schoon te maken.

Antwoorden bij leervragen 6.10
1. Dieren staan hoger in de voedselketen en hebben daardoor meer schadelijke stoffen kunnen ophopen in vetweefsel.
2. Algengifstoffen (fycotoxines) worden van nature geproduceerd door algen. Schelpdieren zoals mosselen, oesters en kokkels krijgen deze gifstoffen via hun voedsel binnen. Er zijn vier soorten algengifstoffen; deze veroorzaken de volgende ziekteverschijnselen:
   - verlammingsverschijnselen ('paralytic shellfish poison' veroorzaakt door zogenaamde PSP-algen);
   - diarree ('diarrhetic shellfish poison' veroorzaakt door DSP-algen);
   - geheugenverlies ('amnesic shellfish poison' veroorzaakt door ASP-algen)
   - aantasting van het zenuwstelsel ('neurotoxic shellfish poison' veroorzaakt door NSP-algen).
3. Deze stoffen kunnen met name aanwezig zijn in producten als vlees, vis, eieren, melk (dierlijke vetten). Ze hebben kankerverwekkende eigenschappen.
4. Acrylamide is kankerverwekkend voor mensen. Het stofje ontstaat door een reactie van suikers met het aminozuur asparagine (een bouwsteen van eiwitten) bij temperaturen boven 100 °C.
5. ADI is de Aanvaardbare Dagelijkse Inname en wordt gebruikt voor stoffen die ergens in de keten bewust zijn gebruikt. Het is de schatting van een hoeveelheid stof die dagelijks mag worden ingenomen gedurende het hele leven zonder noemenswaardige gezondheidsrisico's. TDI is de Tolereerbare Dagelijkse Inname. De TDI geldt voor schadelijke stoffen die in voeding niet zijn te vermijden. Het is een schatting van de maximale hoeveelheid van een stof, die bij dagelijkse inname, na een levenslange blootstelling geen gezondheidsklachten tot gevolg heeft. MRL (Maximum Residu Limiet) is de wettelijk toegestane hoeveelheid van een schadelijke stof in voedsel. Het is een productnorm.
6. Het is niet aan te raden beschimmelde producten of delen van beschimmelde producten te gebruiken voor de bereiding van voedsel. Schimmels zijn in staat tijdens hun groei in voedsel mycotoxinen te vormen. Deze stoffen zijn hittestabiel en worden niet geïnactiveerd door verhitting.

Uitwerking casus HACCP

In 4.9 is opdracht gegeven tot het verrichten van een gevarenanalyse en het identificeren van Critical Control Points (CCP's) voor de bereiding van hutspot in een grootkeuken. Aan de hand van twee beslisbomen (tabel 4.3 en 4.4) is het mogelijk de gevaren te inventariseren en de CCP's in kaart te brengen.
Hierna volgen de ingevulde schema's aan de hand van het doorlopen van de twee beslisbomen.

Schema met de resultaten van de beslisboom voor grondstoffen.

Grondstof	Mogelijke gevaren*		Vr. 1	Vr. 2	Vr. 3	CCP	Opmerking
wortelen	M:	aanwezigheid (sporenvormende) pathogenen	JA	JA	NEE	-	inkoop op specificatie
	C:	bestrijdingsmiddelen	JA	NEE	-	CCP	
	F:	aanwezigheid productvreemde materialen (glas-, metaaldeeltjes)	JA	NEE	-	CCP	
ui	M:	aanwezigheid (sporenvormende) pathogenen	JA	JA	NEE	-	inkoop op specificatie
	C:	bestrijdingsmiddelen	JA	NEE	-	CCP	
	F:	aanwezigheid productvreemde materialen (glas-, metaaldeeltjes)	JA	NEE	-	CCP	
aardappelen	M:	aanwezigheid (sporenvormende) pathogenen	JA	JA	NEE	-	inkoop op specificatie
	C:	bestrijdingsmiddelen	JA	NEE	-	CCP	
	F:	aanwezigheid productvreemde materialen (glas-deeltjes, steentjes ed.)	JA	NEE	-	CCP	
melk	M:	aanwezigheid (sporenvormende) pathogenen	JA	JA	NEE	-	
kruidenmix	M:	aanwezigheid (sporenvormende) pathogenen	JA	JA	NEE	-	
leidingwater	-		NEE	-	-	-	
gehaktballen	M:	aanwezigheid (sporenvormende) pathogenen	JA	JA	NEE	-	
jus	M:	aanwezigheid (sporenvormende) pathogenen	JA	JA	NEE	-	

* M: microbieel, C: chemisch, F: fysisch.

Schema met de resultaten van de beslisboom van het proces.

	Processtap	Mogelijke gevaren*	Vr. 1	Vr. 2	Vr. 3	Vr. 4	CCP
1	inkopen van grondstoffen	zie beslisboom voor grondstoffen					
2	ontvangen van grondstoffen	temperatuur onvoldoende laag (M: groei)	JA	NEE	JA	JA	-
3	opslag en uitgifte van grondstoffen	temperatuur onvoldoende laag (M: groei) onjuiste opslag (C: besmetting allergenen)	JA JA	NEE JA	JA -	JA -	- CCP
4	voorbereiden van grondstoffen	te lange bewerkingsduur bij kamertemperatuur, besmetting door materialen (M: groei, besmetting)	JA	NEE	JA	JA	NEE
5	bereiden	onvoldoende lang verhit (M: overleving)	JA	JA	-	-	CCP
6	terugkoelen en opslag	onvoldoende snel gekoeld, besmetting door materialen/lucht (M: groei, toxine vorming, besmetting)	JA	JA	-	-	CCP
7	portioneren	besmetting door handen/materialen, te lange bewerkings-duur bij kamertemperatuur (M: besmetting, groei, toxine vorming)	JA	NEE	JA	NEE	CCP
8	assembleren en opslag	besmetting door handen/materialen, te lange bewerkings-duur bij kamertemperatuur (M: besmetting, groei, toxine vorming)	JA	NEE	JA	NEE	CCP
9	regeneratie	onvoldoende snel verhit, temperatuur in kern te laag (M: groei, overleving)	JA	JA	-	-	CCP
10	transport	temperatuur te laag (M: groei)	JA	JA	-	-	CCP
11	uitgifte	temperatuur te laag (M: groei)	JA	JA	-	-	CCP

* M: microbieel, C: chemisch, F: fysisch.

Schema voor het uiteindelijke resultaat

	Processtappen	Gevaar	CCP
1	inkopen van grondstoffen	C: aanwezigheid bestrijdingsmiddelen F: aanwezigheid productvreemde materialen	ja
2	ontvangen van grondstoffen	M: groei	nee
3	opslag en uitgifte van grondstoffen	C: besmetting allergenen	nee
4	voorbereiden van grondstoffen	M: besmetting, groei	nee
5	bereiden	M: overleving sporenvormende bacteriën	ja
6	terugkoelen en opslag	M: groei sporenvormende bacteriën, besmetting	ja
7	portioneren	M: besmetting, groei	ja
8	assembleren en opslag	M: besmetting, groei	ja
9	regeneratie	M: groei	ja
10	transport	M: groei	ja
11	uitgifte	M: groei	ja

Register

°DH 133

A
Aanpassingsfase 38
Aanvaardbare Dagelijkse Inname 145
Acceptable Daily Intake 145
Acrylamide 165
Additieven 50, 143, 164
Adenosinetrifosfaat 139
ADI 145
Aerobe bacteriën 20
Aeroben 20, 46
Aeroob 46
Aeroob kiemgetal 37
Aerosolen 35
Afdrukplaatjes 139
Aflatoxine (B1, B2, G1, G2, M1) 146
Afstervingsfase 39
Agaratine 149
Alcohol(en) 134, 137
Aldehyden 136
Algemene Levensmiddelen Verordening 104
Algengifstoffen 143, 150
Alkalisch milieu 44
Alkaloïden 148
Allergenen 143, 151
Allergische reactie 151
ALV 104
Alveolaire echinococcose 89
Amnesic shellfish poison 150
Anaerobe bacteriën 20
Anaeroben 20, 47
Anaeroob 46
Anafylactische shock 151
Analysis 110
Anisakis (simplex) 88
Antagonisme 51
Antibiotica 51, 162
Antwoorden leervragen 179
Apparatuur 33
Aromastoffen 149
ASP(-algen) 150
Astrovirus 81
ATP 139
ATP-methode 139
Aw-waarde 41

B
Bacillus cereus 61
Bacteriën 19
Bacterievormen 19
Bacteriofaag 25
Bactofugeren 39, 177
Basisch milieu 44
Bederf 29, 57
  Chemisch 29
  Enzymatisch 29

Fysisch 29
Microbieel 29
Bedrijfshygiëne 114
Bereidingsprocessen 144
Besmetting(sbronnen) 30, 31, 35
Bestrijdingsmiddelen 155
Biersteen 132
Binaire deling 19
Binomiale nomenclatuur 18
Biochemische kenmerken 20
Biociden 133
Biofilm 34, 137
Botsplinters 171
Botulinum cook 66
Botulisme 65
Bovine Spongiforme Encefalopathie 91
BSE 91

C

CA 48
Cadmium 157
Cafeïne 147
Campylobacter 64
Campylobacteriose 64
Carcinogeen 146
Casus HACCP 121
 Uitwerking 187
CCP('s) 110, 111
Celwandsamenstelling 20, 175
CE-merk 134
Cestoden 87
Chemische voedselveiligheid 143
Chemotherapeutica 51
Chloorhoudende desinfectiemiddelen 135
Chorioretinitis 86
Clostridium botulinum 65
Clostridium perfringens 67

Coeliakie 153
College voor de toelating van gewasbeschermingsmiddelen en biociden 134, 139
Conserveermiddelen 49
Contactagarplaatjes 139
Contaminatie 30
Controlled Atmosphere 48
Coumarine 150
Critical Control Points 110
Cronobacter sakazakii 67
Cryptosporidium 84
Ctgb 134
Cyanide 149
Cyanogenen 149
Cysten 84
Cysticercosis 90

D

Delingstijd 19, 37
Deoxynivanol 145
Desinfectans 133
Desinfectantia 133
Desinfecteren 133
Desinfectie 129, 133
Desinfectiemiddelen 135
Detergentia 131
Diarrhetic shellfish poison 150
Diepvriezen 43
Dieren 35
Diergeneesmiddelen 162
Dioxine-achtige verbindingen 160
Dioxines 160
Dipslides 139
Domeinen 17
DON 145, 146
Doorstralen 39, 176
Draadwormen 87
Drip 44

Drogen 43
Drop 148
DSP(-algen) 150

E
Echinococcus (multilocularis) 88
EG-verordeningen 105
E_h 50
Eiwitstaafjes 139
Emetoxine 59
Endospore 20
Endotoxine 21, 59
Entamoeba histolytica 85
Enterale virussen 80
Enterobacter sakazakii 67
Enterobacteriaceae 36
Enterotoxine 59, 62, 77
Enterovirussen 80
E-nummer 50, 165
EPS 137
Escherichia coli 36, 69
Escherichia coli Diffuusadherente 69
Escherichia coli Enteroaggregatieve 69
Escherichia coli Enteropathogene 69
Escherichia coli Enterohemorragische 69
Escherichia coli Enteroinvasieve 69
Escherichia coli Enterotoxicogene 69
Escherichia coli O157 70
Estragol 150
Ethanol 134
Eukaryoot 16
Eukaryotische cel 16
Exopolysacchariden 137
Exotoxine 21, 59
Exponentiële fase 38

F
Faag 25
Facultatief anaeroben 20, 47
Facultatief anaeroob 46
Fermentatie 24, 30
Filtreren 39
Food and Feed Law 117
Formaldehyde 136
Fungi 22
Fungiciden 155
Fycotoxinen 143, 150
Fysische verontreiniging 173
Fysische voedselveiligheid 171
Fytotoxinen 143, 147

G
Gassamenstelling 46
Gasverpakken 49
Gasverpakte levensmiddelen 49
GFL 117
Giardia lamlia 85
Giardiasis 85
Gifstof(fen) 21, 23, 59, 143
  Natuurlijke 145
Gisten 24
Glas(scherven) 171
Glutaaraldehyde 136
Glutenintolerantie 153
Glycyrrhizine 148
Graden Duitse Hardheid 133
Gramkleuring 19, 175
Gramnegatieve bacteriën 19
Gramnegatieven 19, 175
Grampositieve bacteriën 19
Grampositieven 19, 175
Groei 30, 37
Groeiremmende stoffen 51
Groeitemperatuur 40

H

H2O2 136
HACCP 104, 108
HACCP Casus 121
HACCP-principes 110
Halogenen 135
Hamburgerziekte 70, 71
Handhaving 118
Handhygiëne 32, 116
Haringworm 88
HAV 81
Hazard 109
Hazard Analysis Critical Control Points 104, 108
Helminthes 83
Hepatitis A-virus 81
Hepatitis E-virus 81
Herbiciden 155
Histamine 151
Hormonen 162, 164
Hout(splinters) 171
Huishoudchloor 135
Hyfen 23
Hygiënecode(s) 109, 111
Hygiëne-indicator 69
Hygiënemaatregelen 113
Hygiënepakket 105
Hygiënescores 139
Hygiëneverordening 104
Hygiënisch ontwerp 33
Hygiënische maatregelen 31
Hygiënische werkwijzen 77

I

Incubatieperiode 59
Incubatietijd 60
Indicatororganismen 36
Infantiel botulisme 66

Insecticiden 155
Interventie(s) 118
Interventiebeleid in bijzondere situaties 119

J

Jodoforen 135

K

Kalksteen 132
Kankerverwekkend 146
Katten 85
Kerntemperatuur 40
Ketelsteen 132
Koken 39
Koloniegetal 37
Kolonies 24
Kolonievormende eenheden 36, 37
Kolonisatie 58
Kritische beheerspunten 110, 111
Krop 149
Kruiden 149
Kve 36, 37
Kwik 158

L

Lactase 153
Lactose-intolerantie 153
Lag-fase 38
Lectinen 149
Leg-fase 39
Legionella 72
Legionellose 73
Legionnaires disease 72
Leidingen 33
Listeria monocytogenes 73
Listeriose 73
Log-fase 38

Lood 158
Lucht 34
Lysozym 51

M

MAP 48
Maximum Residu Limiet 145
Maximum Residue Limit 145
Meldingsplicht 117
Meldwijzer 117
Melksteen 132
Meningitis 74
Mensen 32
Mesofiel aeroob kiemgetal 37
Methicilline-resistente *S. aureus* 78
Methyleugenol 150
Micro-aerofiel(en) 20, 46
Microbiologische richtwaarden 112, 113
Micro-organismen 15
MID 59
Milieuverontreiniging 144, 157
Minimale Infectieuze Dosis 59
Minimale Toxische Dosis 59
Modified Atmosphere Packaging 48
MRL 145
MRSA 78
MTD 59
Mureïne 175
Mycelium 23
Mycotoxinen 23, 143, 145

N

Naamgeving 16, 18
Nabesmetting 58
Natuurlijke gifstoffen 145
Nematiciden 155
Nematoden 87
Neurotoxic shellfish poison 150

Neurotoxine 59, 65
Nieuwe variant van de ziekte van
    Creutzfeldt-Jakob 91
Nitraat 153
Nitriet 153
Nitrosamines 154
N-nummer 134
Norovirus 25, 81, 82
NoV 81
NSP(-algen) 150

O

Ochratoxine (A) 146
Oedeem 148
Oöcysten 84
Oppervlak(ken) 33, 132, 137
Oppervlaktespanning 131, 177
Overgevoeligheid 151
Overtreding(en) 118
Oxidatiemiddelen 136

P

Paddenstoelen 149
PAK's 165, 166
Paralytic shellfish poison 150
Parasieten 83
Pasteuriseren 39, 176
Pathogeen 57
Pathogene bacteriën 21
Pathogenen 21
Pathogeniteit 21
PCB's 160
PEF 39, 177
Peptidoglycaan 175
Perazijnzuur 136
Persoonlijke hygiëne 116
Pesticiden 155
Peulvruchten 149

pH 44
pH-waarden 44, 45
Plantgifstoffen 143
Platwormen 87
Poly Chloorbifenylen 160
Polycyclische Aromatische Koolwaterstoffen 165, 166
Pontiac fever 72
Primaire sector 104
Prion(en) 91
Proceshygiënecriteria 36, 106
Productvreemde materialen 173, 174
Prokaryoot 16
Prokaryotische cel 16
Proliferatie 30
Protozoa 83, 84
PSP(-algen) 150
Publiekswaarschuwing 117
Pulsed Electric Field 39, 176

Q
Quarternaire ammoniumverbindingen 136
Quats 136

R
Rapid Alert System Food and Feed 117
RASFF 117
Recall 117
Redox-potentiaal 50
Reinigen 129, 130
Reiniging en desinfectie 129
  Controle 138
  Fouten 138
  Gecombineerde 138
Reinigingsmiddel 131
Residente micro-organismen 32
Residenten 32
Resistentie 162

Rijken 17
Risicogroepen 59
Rodac-plaatjes 139
Rodenticiden 155
Rotavirus 81

S
Safrol 150
Salmonella 75
Salmonellose 75
Schelpdieren 150
Schimmeldraden 23
Schimmelgifstoffen 143
Schimmelgroei 24
Schimmels 23
Schoonmaken 129
Scrapie 91
SE 77
Secundaire sector 105
Septa 23
Serotypering 70, 177
Shigella 79
Solanine 148
Specifiek interventiebeleid 119
Spiertrichinen 90
Sponsjes 139
Spore 20
Sporenvormende bacteriën 41
Sporenvormers 20
Sporenvorming 20, 23
Standaard interventiebeleid 118
Staphylococcus aureus 37, 77
Staphylococcus Enterotoxine 77
Stationaire fase 38
Steentjes 171
Steriliseren 39, 176
Swabs 139
Synergisme 51

T

Taenia 89
Taenia saginata 89
Taenia solium 90
Taeniase 89
Taxonomie 17
TDI 145
Temperatuur(trajecten) 40
Terughaalacties 117
Tin 159
Toelatingsnummer 134
Tolerable Daily Intake 145
Tolereerbare Dagelijkse Inname 145
Tomatine 148
Totaal kiemgetal 36, 37
Totaal koloniegetal 37
Toxico-infectie 59, 61, 66, 67
Toxine(n) 21, 59, 143
Toxoplasma gondii 85
Toxoplasmose 85
Traceringsprocedure 117
Transiënte micro-organismen 32
Transiënten 33
Trichinella (spiralis) 90
Trichinellose 90
Trichinosis 88
Tussenschotten 23

U

UHD 39, 176
Ultra Hoge Druk 39, 176

V

Vacumeren 48
vCDJ 91
Verhittingsprocessen 39
Verificatie 111
Verordening (EG) nr. 2073/2005 106
Verordening (EG) nr. 852/2004 105
Verordening (EG) nr. 853/2004 105
Verordening (EG) nr. 854/2004 106
Verpakkingsmateriaal 36
Veteranenziekte 72
Vibrio cholerae 79
Vibrio parahaemolyticus 80
Virtual Safe Dose 145
Virussen 25, 80
Visgraten 171
Voedingsmiddelen van dierlijke oorsprong 58
Voedsel en Waren Autoriteit 117
Voedselallergie 153
Voedselinfectie 57, 58
Voedselintolerantie 153
Voedselveiligheid 57
  Chemische 143
  Fysische 171
  Microbiologische
Voedselveiligheidscriteria 36, 106
Voedselveiligheidssystemen 103
Voedselveiligheidswetgeving 104
Voedselvergiftiging 57, 58
VSD 145
Vuil 131
Vvdo 58
VWA 117

W

Warenwetbesluit BBL 107
Warenwetbesluit Bereiding en behandeling van levensmiddelen 107
Warenwetbesluit Hygiëne van levensmiddelen 107
Wassen 39
Water 35
Wateractiviteit 41
Waterbindende stoffen 44
Waterhardheid 132

Waterkwaliteit 132
Waterstofperoxide 136
Wet gewasbeschermingsmiddelen en
    biociden 134
Wet op de medische hulpmiddelen 134
Wetgeving 103, 107
Wetgeving Desinfectiemiddelen 133
Witboek voedselveiligheid 104
Wormen 83, 87

X
Xerofiele schimmels 42

Y
Yersinia enterocolitica 80

Z
Ziekte van Creutzfeldt-Jakob 91
Ziekteduur 60
Ziekteverwekkend 57
Zouthout 148
Zuigelingenbotulisme 66
Zuur milieu 44
Zuurgraad 44
Zuurresistentie 46
Zuurstofbehoefte 20, 47
Zware metalen 157